Floristik mit Wildpflanzen

Christiane Büch
Thomas Gehm

Floristik mit Wildpflanzen

Gebinde mit Feld-, Wald- und Wiesenblumen

157 Farbfotos mit zahlreichen Pflanzenlisten

E.U.
VERLAG
EUGEN
ULMER

Die Deutsche Bibliothek – CIP-Einheitsaufnahme

Floristik mit Wildpflanzen
Gebinde mit Feld-, Wald- und Wiesenblumen /
Christiane Büch ; Thomas Gehm. –
Stuttgart : Ulmer, 1993
ISBN 3-8001-6511-2
NE: Büch, Christiane ; Gehm, Thomas

Wollgrasweg 41, 70599 Stuttgart (Hohenheim)
Printed in Germany
Lektorat: Ingeborg Ulmer
Herstellung: Otmar Schwerdt
Einbandgestaltung: Alfred Krugmann, Freiberg am Neckar
Mit einem Foto von Thomas Gehm
Satz: Steffen Hahn GmbH, Kornwestheim
Druck: Offsetdruckerei Grammlich, Pliezhausen
Bindung: Riethmüller, Stuttgart

Vorwort

Die Erfahrungen von zwanzig Jahren Berufspraxis mit Wildpflanzen sollen kein Geheimnis bleiben. Darum habe ich das angesammelte Wissen zu diesem Buch zusammengefaßt. Anlaß hierzu war nicht nur die beginnende Entwicklung zur Natürlichkeit in der Floristik, auch das zunehmende ökologische Interesse der Mitmenschen animierte mich zu diesem Schritt.
Dieses Buch soll uns allen helfen, die Schönheit der Natur vor unserer Haustür wiederzuentdecken. Oft sind Kunden erstaunt, wenn sie ein bekanntes „Unkraut" im Strauß entdecken und bemerken, wie schön es ist. Durch den Rahmen des Straußes erhielt das gestern noch weggespritzte Wildkraut einen anderen Wert. Exotik vor der eigenen Haustür?
Als Spezialisten für Natur werden wir Floristen von unseren Kunden verstanden. So gesehen, fällt uns ein ordentliches Stück Verantwortung zu. Wir dürfen unsere Vorbildfunktion nicht vergessen. Der Gedanke, durch unsere Aktivität würde eine seltene Art zusätzlich bedroht, stimmt mich nicht froh. Andererseits werden wir durch den Umgang mit den Wildpflanzen sensibilisiert für deren Schönheit und Nutzen – nicht nur für die Floristik. Und in dem Moment, in dem ich anfange, etwas wertzuschätzen, denke ich auch an Erhalt und Schutz.
Möge jeder von uns seinen Weg finden, und möge dieses Buch ihm dabei helfen.

Christiane Büch
im Sommer 1993

Inhaltsverzeichnis

Vorwort 5

Einführende Überlegungen 11

Wertschätzung der Natur 14
Gleichrangigkeit der Pflanzen 17
Pflanzengemeinschaften 17
Wie bestimme ich Charaktere? 19
Hinweise für den Umgang und die Gestaltung mit Wildpflanzen 22
Die Rolle des Bindegrüns in der Floristik 26
Die Farben der Jahreszeiten 28
Naturschutz 31
Rechtliche Fragen 32

Winter 35

Und droht der Winter noch so sehr... Winterstimmung 36
Vom Schneeglöckchen bis zum Rittersporn – Das Blumenangebot im Winter 37
Das Gras ist trocken, die Zweige sind kahl – Beiwerk im Winter 37
Winterfreuden und Vorfrühlingsgeflüster – Natur und Gestaltung 40
Klettenlabkraut, *Galium apparine* 40
Christrosengebinde 40
Rotes Straußgras, *Agrostis tenuis* 42
'Florence' im Winterkleid 45
Taumel-Kälberkropf, *Chaerophyllum temulum* 45
Bunte Tulpen 46
Die Kornrade, *Agrostemma githago* 46
Nelkengewächse 48

Gemeiner Rainkohl,
Lapsana communis 50
Rote Rosen im Winter 51
Wucherknöterich oder Japanischer Buchweizen,
Reynoutria sachalinensis 52
Erlenstrauß 52
Johanniskraut, *Hypericum perforatum* 54
Krokus in Sicht 55
Zottiges Weidenröschen,
Epilobium hirsutum 56
Wundervolle Zaubernuß 56
Reitgras, *Calamagrostis* 58
Strauß mit Schneeheide 58
Mit Bienengesumm 59
Begegnung mit Lachenalien 61
Gemeiner Hopfen, *Humulus lupulus* 62
Im Hopfengeschlinge 63
Schnittblumen im Winter 64
Beiwerk im Winter 65

Frühling 67

Werbegesänge und Bienengesumm – Frühlingsstimmung 68
Nicht nur Tulpen und Narzissen – Das Blumenangebot im Frühling 68
Es grünt so grün – Das Beiwerk im Frühling 71
Der Frühling bahnt sich seinen Weg – Natur und Gestaltung 72
Frühlingsgrüße aus Nizza 72
Eigenwillige Ranunkeln 75
Der Osterstrauß 75
Moos 77
Duftende Märzveilchen 79
Gräser im Frühling 79
Krokus im Kräutergarten 80
Zauberhafte Schachbrettblumen 81
Mit Malus und Gräsern 82
Buschwindröschen,
Anemone nemorosa 85
Buschwindröschen – wie gewachsen 85
Buschwindröschen – bäuerlich 87
Hohler Lerchensporn, *Corydalis cava* 88
Dichternarzissen 89
Wald-Bingelkraut, *Mercurialis perennis* 90
Giersch, *Aegopodium podagraria* 90
Weiße Taubnessel, *Lamium album* 91
Knoblauchrauke oder Gemeines Lachkraut, *Alliaria petiolata* 92
Herrlicher Goldlackduft 93
Hirtentäschel, *Capsella bursa-pastoris* 94
Wiesenlöwenzahn,
Taraxacum officinale 95
Von der Wiese 95
Echtes Barbarakraut, *Barbarea vulgaris* 96
Echte Sternmiere, *Stellaria holostea* 97
Der Mai ist gekommen 98
Blütenzweige – Blütenzweige 99
Schnittblumen im Frühling 100
Beiwerk im Frühling 101

Frühsommer 103

Wenn die Nachtigallen singen – Frühsommerstimmung 104
Die Kornblumen blühen – Das Blumenangebot im Frühsommer 104
Gräser, Gräser, Gräser – Beiwerk im Frühsommer 105
Zarte Geschöpfe – Natur und Gestaltung 106
Vorsicht Pusteblume! 106
Gamander-Ehrenpreis, *Veronica chamaedrys* 108
Scharfer Hahnenfuß, *Ranunculus acris* 109
Erste Feinstrahlastern 109
Trespen, *Bromus* 111
Satte Pracht 112
Inkarnatklee, *Trifolium incarnatum* 114
Sauerampfer, *Rumex acetosa* 114
Starke Charaktere 115
Gemeine Weißwurz oder Salomonssiegel,
Polygonatum odoratum 117
Aus der Biedermeierzeit 117
Hainrispengras en masse 118
Hainrispengras, *Poa nemoralis* 120
Ein Graskranz 120
Wolliges Honiggras und Kupferkanne 121

Wiesenkerbel, *Anthriscus sylvestris* 122
Gemeiner Beinwell,
Symphytum officinale 123
Der Sommerstrauß 125
Waldziest, *Stachys sylvatica* 125
Glatthafer, *Arrhenatherum elatius* 125
Bienenweide – eine Augenweide 126
Das Küchensträußchen 127
Kornblume, *Centaurea cyanus* 128
Wildrosenblüte 129
Schnittblumen im Frühsommer 130
Beiwerk im Frühsommer 131

Sommer 133

Gewitter liegt in der Luft –
Sommerstimmung 134
In Rosenduft schwelgen –
Das Blumenangebot im Sommer 134
Die Sonnenschirme sind aufgespannt –
Beiwerk im Sommer 135
Sonnenblumengesichter –
Natur und Gestaltung 137
Acker-Hundskamille, *Anthemis arvensis* 137
Ein Sommerkranz 138
Zaunwinde, *Calystegia sepium* 139
Winden und Schnecken 140
Gemeines Leimkraut, *Silene vulgaris* 141
Hasen-Klee, *Trifolium arvense* 141
Zart besaitet 142
Hasen-Klee im Haar 145
Poetischer Erdbeerstrauß 145
Kugelstrauß mit Rosen 147
Weißer Steinklee, *Melilotus alba* 148
Hommage an den Sommerhimmel 148
Vogelwicke, *Vicia cracca* 150
Kleines Fuchsien-Ensemble 150
Kleinblütiges Weidenröschen,
Epilobium parviflorum 152
Huflattich, *Tussilago farfara* 153
Schmiele, *Deschampsia* 154
Gewürzstrauß mit Schleppe 157
Leinkraut oder Frauenflachs,
Linaria vulgaris 157

Rundblättrige Glockenblume,
Campanula rotundifolia 158
Wiesen-Platterbse, *Lathyrus pratensis* 158
Kokardenblumen – Kokardenblumen 159
Kleiner Odermenning,
Agrimonia eupatoria 160
Wiesenknopf, *Sanguisorba officinalis* 161
Bauerngartenfülle 161
Windhalm, *Apera spica-venti* 163
Abschied vom Sommer 165
Schnittblumen im Sommer 166
Beiwerk im Sommer 167

Herbst 169

Das Spiel der Farben beginnt –
Herbststimmung 170
Sommer ade –
Das Blumenangebot im Herbst 171
Sonnengebleicht und wettergegerbt –
Beiwerk im Herbst 172
Formenfülle und Farbenpracht –
Natur und Gestaltung 175
Hortensien und Duft 175
Oregano, *Origanum vulgare* 175
Lilienblütiger Beerenstrauß 177
Rainfarn, *Chrysanthemum vulgare* 177
Wilde Möhre, *Daucus carota* 178
Schöne Kosmeen 178
Wiesenlabkraut, *Galium mollugo* 179
Klatschmohn, *Papaver rhoeas* 181
Herbstliches Feuer 182
Zwischen Labkraut und Silbertalern 183
Skabiosen-Flockenblume,
Centaurea scabiosa 184
Echtes Mädesüß, *Filipendula ulmaria* 184
Abschied 185
Blutweiderich, *Lythrum salicaria* 186
Mit Kerzenschein und rosa Pfeffer 186
Riesen-Goldrute, *Solidago gigantea* 187
Zotteliger Herbststrauß 188
Gemeiner Gilbweiderich,
Lysimachia vulgaris 189
Ein Stilleben 190

Gemeiner Windenknöterich, *Fallopia convolvulus* 191
Es ist angerichtet 193
Pfeifengras, *Molinia caerulea* 193
Modenschau im Autohaus 194
Schnittblumen im Herbst 196
Beiwerk im Herbst 197

Vorweihnachtszeit 199

Wenn es stürmt oder schneit – Vorweihnachtliche Stimmung 200
Aber rot muß es sein – Das Blumenangebot im Dezember 201
Mit einem Hauch von Gold – Beiwerk im Dezember 202
Es muß nicht immer blumig sein – Natur und Gestaltung 204
Rosen im Dezember 204
Tripmadam, *Sedum reflexum* 204
Ranunculus und goldene Gräser 205
Wiesen-Bärenklau, *Heracleum spondylium* 206
Beifuß, *Artemisia vulgaris* 207
Gall- und andere Äpfel 209
Breitblättrige Platterbse, *Lathyrus latifolius* 209
Im Lichte der Kugelkerze 210
Schmalblättriges Weidenröschen, *Epilobium angustifolium* 211
Red Lion 212
Bizarrer Anemonenstrauß 213
Silberdistel, *Carlina acaulis* 214
Besuch aus den Anden 214
Wegerauke, *Sisymbrium officinale* 216
Stumpfblättriger Ampfer, *Rumex obtusifolius* 216
Zimtsterne & Co. 217
Stiller Christrosenstrauß 218
Wilde Malve, *Malva sylvestris* 218
Euphorbia pulcherrima, genannt Weihnachtsstern 220
Große Klette, *Arctium lappa* 221
Früher waren es die Cyclamen 222

Märchenhafter Christrosenstrauß 223
Weiße Lichtnelke, *Silene pratensis* 224
Die Weihnachtsschale 225
Schnittblumen in der Vorweihnachtszeit 227
Beiwerk in der Vorweihnachtszeit 227

Literaturverzeichnis 229

Pflanzenregister 230

Einführende Überlegungen

Manchmal komme ich nicht umhin, lästerliche Bemerkungen zu machen, wenn ein Kunde fragt, ob sein soeben gekaufter Strauß einen längeren Transport aushalten könne, denn bei richtiger Behandlung werden die Blumen auf den letzten paar Kilometern ihrer bereits oft sehr langen Reise sicher auch nicht mehr schlappmachen: die australischen Schönheiten, die Rosen aus Kenia, die Orchideen aus Fernost, die Proteen aus Südafrika, die Nelken aus Südamerika oder das Schleierkraut aus Israel. Sie werden Freude bereiten, dekorieren und beeindrucken, ganz so, wie es von ihnen erwartet wird in den reichen Ländern unserer Welt, in denen die Menschen von der Herkunft dieser Gewächse kaum etwas wissen. Die Herkunft scheint niemanden zu interessieren.

Möglicherweise sind wir auch alle hoffnungslos überfordert. Überflutet von Waren aus aller Welt, permanent den schnell wechselnden Reizen unserer Medien und unseres Tempos ausgesetzt, bleiben Detailfragen vielleicht auf der Strecke. Aber so langsam ersticken wir in Konsumgütern, die uns größtenteils schon in den Regalen wie Müll vorkommen.

Eigentlich brauche ich gar keine Bananenblüten zum Frühlingsanfang. Sie sind sowieso viel zu plump für meine Schneeglöckchenvase. Das heißt nicht, daß ich nicht auch Gefallen an Fremdländischem hätte. Ganz im Gegenteil. Ich stehe gern mit offenem Munde da und erliege der Faszination neuer Eindrücke. Aber die Bananen, Kiwis und Mangos, Orchideen und Proteen müssen nicht mein täglich Brot werden. Vielmehr habe ich festgestellt, daß mir Früchte möglichst direkt vom Baum und von der Pflanze am besten schmecken. Egal, ob es die Erdbeere im eigenen Garten oder die südamerikanische Mango im Urlaub ist. Vollreif, saftig und noch sonnenwarm, erfüllen sie dann genau die Bedürfnisse, sind erfrischend und köstlich. Alle Früchte, die halbreif gepflückt werden und in die Transportkühlung kommen, verlieren einen großen Teil ihres Aromas und sind aus ihrem Kulturkreis oder aus der Jahreszeit genommen, eigentlich unattraktiv. Wenn ich fahl schmeckende, importierte Erdbeeren schon zu Weihnachten esse, bekomme ich einerseits einen falschen Eindruck vom Erdbeergeschmack und kann mich andererseits auch gar nicht mehr so auf die Erdbeerzeit im Juli freuen. Vorfreude geht also verloren.

Übertragen auf die Blumen bedeutet es soviel, daß die Blumen der Jahreszeit immer die größte Ausstrahlungskraft haben, denn es ist ihre Zeit, mit ihren Lichtverhältnissen, ihrem Wind und Wetter. Hinzu kommt unsere eigene Erwartungshaltung. Auch wenn viele Menschen nicht wetterfühlig sind oder das Wetter nicht wahrnehmen, und die Bezüge zur Natur sehr schütter geworden sind, kann wohl kaum jemand sich dem Jahreszeitenzyklus und den Vegetationsphasen entziehen. Ich stelle für mich in zunehmendem Maße fest, daß Tulpen im September und Sonnenblumen im Januar meine Bedürfnisse nicht befriedigen können, denn im Herbst bin ich auf andere Merkmale gepolt als im Frühling. Ich mag es schlüssiger haben und bin damit, wenn man es genau nimmt, anspruchsvoller geworden. In diesem Moment entpuppt sich die azyklisch entstandene, meist sehr teure Frucht oder Blume mit dem Flair der Extravaganz als Placebo, als Muster ohne Wert.

Die große Freiheit, die Grenzenlosigkeit, alles zu jeder Jahreszeit zur Verfügung zu haben, mündet oft in Gleichförmigkeit und Langeweile, denn Inhalte gehen verloren und der Wert einer Blume oder Frucht ordnet sich in ein merkwürdiges System ein, das hauptsächlich durch den Handel geprägt wird und an meinen Qualitätsansprüchen vorbeigeht. Beginnt man erst die politischen Aspekte unseres Handelns zu hinterfragen und erfährt von den katastrophalen, lebensfeindlichen Anbaumethoden in den sogenannten Drittländern, vergeht einem ohnehin die Freude an der Blume. Für mich ist jedenfalls der Anspruch: Weniger ist mehr, in vielen Lebensfragen zur Wahrheit geworden.

Für meinen Umgang mit Blumen strebe ich eine Bescheidung auf jahreszeitlich typische und einheimische Blumen und Pflanzenteile mit möglichst kurzen Transportwegen an, was nicht immer einfach ist, denn die

Gesetze der Marktwirtschaft und eigene Unzulänglichkeiten mischen sich oft genug in bessere Einsichten und gute Vorsätze. Zudem kostet es in der Regel mehr Kraft, neue Wege zu gehen, denn sie sind nicht ausgetreten wie Trampelpfade, sondern vergleichbar mit den Wildpfaden der Tiere, die sich durchs Gebüsch schlängeln. Brombeerranken kreuzen diese Pfade und Gräben müssen überwunden werden. Nach jeder Biegung kann ein neues Hindernis lauern, eine Hürde, die genommen werden muß. Aber gerade das läßt die Sinne nicht einschlafen auf dem Weg. Wer allerdings schnell von A nach B will, nimmt die Autobahn oder das Flugzeug. Will man schnell viel Geld verdienen, erreicht man das nicht auf Wildpfaden. Es sei denn, man fängt an, den Wildpfad zu einer weiteren Asphaltpiste zu machen, womit nichts gewonnen wäre.

Wertschätzung der Natur

Ich meine mit Wertschätzung das Verhältnis des Menschen zur Natur. Dieses Verhältnis wird geprägt durch verschiedene Komponenten im Verlauf der Geschichte und in der Sozialisation eines Menschen. Und so ist sicherlich für unseren Kulturkreis das Christentum mit den Worten aus der Bibel »macht euch die Erde untertan« für große Fehlentwicklungen verantwortlich. Oder waren es die Politiker mit Machtinteresse? Denn ältere Bibeltexte sprechen davon, daß der Mensch die Erde mit bloßen Füßen betreten solle, was ja deutlich auf eine Verbindung zur Erde hinweist. Welch ein Unterschied! Nun ist Bibelgeschichte ein ganz anderes Kapitel und auch nicht mein Thema. Aber schließlich macht sich heute wohl jeder so seine Gedanken darüber, warum wir unsere Lebensgrundlage, die Natur, systematisch zerstören. Wenn ich darüber nachgrübele, fühle ich mich schnell ohnmächtig als einzelnes Menschlein, denn so vieles ist in Unordnung auf dieser Welt. Und wie sollen Menschen die Natur lieben und schützen, wenn sie sie überhaupt nicht kennen. Unendlich viele Menschen leben in Großstädten, in der Hektik des Verkehrslärms. Kein Wunder daß ihnen das Auto und der Geschwindigkeitsrausch lieber sind, als Frühlingsrausch durch Veilchenduft im März. Wer kennt noch Veilchen und die heimische Natur, die merkwürdigerweise so wenig geschätzt wird? Im Alltag sind sie wenig geliebt. In der Landwirtschaft und im Gartenbau sind die Wildkräuter zu Unkräutern geworden, die in jedem Fall stören und daher beseitigt werden müssen. Jahrelang war hier jedes Mittel recht. Zeit ist Geld. Man war dumm oder ignorierte die komplexen Lebenszusammenhänge in der Natur. Vielerorts hat sich auch immer noch nichts geändert. Doch erste Ansätze sind sichtbar. Komischerweise reagiert derselbe Mensch, der in seinem Privatgarten noch immer jedes Wildkraut feindlich behandelt, auf Wildwuchs in anderen Ländern anders. Schon wenn jemand nach Dänemark reist oder in die Berge, kommt er in der Regel schwärmend zurück, erzählt von Klatschmohn und Türkenbund, Flachs und Zittergras und was dort sonst noch alles wächst. Manchmal machen mich diese Geschichten böse, manchmal traurig. Dann wieder denke ich, na, wenigstens ist er nicht ganz blind. Aber fast immer fange ich an, auf die Schönheit der Natur vor der eigenen Haustür hinzuweisen, und darauf, wie spannend es ist, der Natur auch im eigenen Garten Raum zu geben und zu schauen, was von selbst kommt. So rate ich, beim Jäten hier und

dort auch einmal ein Pflänzchen stehenzulassen, um es kennenzulernen, zu sehen und zu staunen. Meist wird man sich im Gespräch darüber einig, daß wir zu hektisch leben und im Alltag an der Schönheit vorbeirennen, ohne sie zu entdecken. Man lebt nach Prioritäten und gönnt sich nur selten eine Rast. Eine Möglichkeit, sich ein wenig auszuruhen, besteht darin, sich etwas Gutes zu tun, und endet für einige Menschen im Blumengeschäft.

Allerdings gibt es verschiedene Arten von Blumengeschäften, angefangen vom Billigladen, wo die Blume als Ware über den Tresen geschoben wird, über Geschäfte, in denen die Blume den Wert des Dekorationsobjektes hat, bis hin zu solchen Läden, in denen Blumen und Pflanzen als individuelle Lebewesen gesehen werden.

Der schnelle Handel will mit möglichst wenig Aufwand viel Geld verdienen. Er schätzt die haltbaren, problemlosen Blumen. In dekorativer Arbeitsweise legt man Wert auf Äußerlichkeiten, auf Großblumiges. Hier entstand die Idee des Blumenfärbens, denn auf Farbe im Raum kommt es in diesem Fall an und Charaktere spielen eine untergeordnete Rolle.

Wer die Blume als Lebewesen begreift, nimmt all ihre Wesensmerkmale wahr, bis hin zum Duft, und schätzt die Vielfalt – denn Vielfalt ist Leben. Und so beziehe ich die heimische Natur in das Handelsangebot ein und schätze eine Art so wie die andere,

um der Vielfalt willen, die mir das Gestalten interessant und lebendig macht.
Zum Schutze des vielfältigen Lebens verzichte ich auf heimische Raritäten in der Vase. Es gibt viele Blumen, die alle schön sind, man muß sich nur die Zeit nehmen, hinzuschauen. Schönheit mißt sich auch nicht am Preis. Sie steht millionenfach am Straßenrand. Der Begriff Wertschätzung hat nur soviel mit dem Preis zu tun, als man Dinge, die man nicht wertschätzt, auch schlecht verkaufen kann. Ansonsten errechnen sich alle Preise letztlich aus geleisteter Arbeit. Was nicht ausschließt, daß eine begehrte Ware einen zusätzlichen Modezuschlag hat und damit teurer ist.

Gleichrangigkeit der Pflanzen

Der Begriff Gleichrangigkeit bezeichnet das Verhältnis der Pflanzen als Lebewesen untereinander. Jede Schöpfung hat einen Anspruch auf Lebensraum, auf ihre Existenz, wobei der natürliche Lebenskampf als gegeben betrachtet wird. In den Kreisläufen der Natur baut ein Lebewesen auf das andere auf. Eines ist von dem Dasein des anderen abhängig und ganze Lebensräume gehen kaputt, wenn Glieder aus einer Kette herausfallen. Eventuell reicht sogar schon eines, denn der Lebensbereich einer einzelnen Art ist begrenzt und oft eben sehr eng bemessen und sehr speziell.
Dieser Begriff der Gleichrangigkeit hat nichts mit dem Geltungsanspruch als Fachbegriff der Floristik oder mit der ökologischen Bedeutung einer Art zu tun. Er weist lediglich auf den Lebensanspruch jeder Kreatur hin.

Pflanzengemeinschaften

Wer mit offenen Augen durch die Natur geht und viele Pflanzen zu benennen weiß, hat längst gemerkt, daß Pflanzen gemeinsame Vorlieben und Sympathien zu haben scheinen, denn immer wieder bewundert man Bachnelkenwurz und trifft dabei die Schlüsselblume und pflückt einen ersten Frühlingsstrauß, der dann auch noch Wie-

Pflanzen der Tännelkrautflur

Ackerfuchsschwanz, *Alopecurus myosuroides*

Ackergauchheil, *Anagallis arvensis*

Ackerröte, *Sherardia arvensis*

Ackerstiefmütterchen, *Viola arvensis* ssp. *arvensis*

Ackervergißmeinnicht, *Myosotis arvensis*

Ackerwinde, *Convolvulus arvensis*

Echtes Tännelkraut, *Kickxia elatina (Linaria elatina)*

Kleine Wolfsmilch, *Euphorbia exigua*

Kriechender Hahnenfuß, *Ranunculus repens*

Unechtes Tännelkraut, *Kickxia spuria (Linaria spuria)*

Vogelknöterich, *Polygonum aviculare*

Wenigblütiger Wegerich, *Plantago intermedia (P. major* ssp. *intermedia)*

Windenknöterich, *Polygonumconvolvulus*

senschaumkraut, Hahnenfuß und Wiesenlieschgras enthält.

Die typische Sommerblumenstraußmischung aus Mohn, Kornblume und Margeriten, vermengt mit Trespe, Hirtentäschel und Getreideähren, wächst am Straßen- und Kornfeldrand. Wo Mädesüß wächst, finde ich meistens auch Gilbweiderich, Blutweiderich, Weidenröschen und Labkraut. Die Finger verbrenne ich mir im Frühling oft beim Pflücken von Taubnesseln, und im Sommer beim Schneiden von Windenranken, denn beide Pflanzen wachsen gern in Gemeinschaft mit Brennesseln.

Ich könnte noch etliche solcher Beispiele aus eigener Erfahrung aufzählen, Beobachtungen, die einem beim Pflücken und beim Gestalten weiterhelfen, denn nach einiger Zeit weiß man bestimmte Gebiete schon fast gefühlsmäßig einzuschätzen. Jede Region hat ihren Charakter mit den spezifischen Pflanzen. Am Waldrand kann ich mit Himbeerlaub, Drahtschmiele, Straußgras, Weidenröschen, Kälberkropf oder Rainkohl rechnen. Sind rechts und links von der Straße Wiesen, gibt es meistens auch Gräben neben der Straße, an denen ich Knöterich, Baldrian, Sumpfdotterblume und später Weidericharten, Wasserdost und Sauergräser schneiden kann und ich kenne die schnell gewachsene Vegetation nach Erdbewegungen im Bereich von Straßenbau.

Der Botaniker hat soziologische Fragestellungen zu diesen Phänomenen und findet als Ursachen dafür die Boden- und Wetterverhältnisse heraus; auch Höhenlagen spielen eine Rolle.

Alexander von Humboldt war um 1800 einer der ersten, der sich in weitgespannter, umfassender Betrachtungsweise mit der Verteilung der Pflanzengemeinschaften auf der Erde befaßte. Er trieb intensive Studien in Mittel- und Südamerika und entwickelte erste Ideen zu einer Geographie der Pflanzen. Reisend, sammelnd und vergleichend, wurde herausgefunden, daß einzelne Arten gedeihen und untergehen, je nachdem, wie sich die ideale Summe von Faktoren verändert. Dazu gehören die Tiere genauso wie Boden-, Licht-, Wind- und Wasserverhältnisse. Ja selbst den Menschen bezog Humboldt in die Betrachtung der Landschaftstypen mit ein und beschrieb den Einfluß der landschaftstypischen Ausdrücke auf die Gemütsseite des Menschen.

Wer wollte leugnen, daß man sich im Bergland anders fühlt als an der See. Und es sind eben nicht nur die Steine oder das Wasser, sondern die Summe aller Elemente, Pflanzen und Tiere, die den Einfluß ausüben.

Für den Umgang mit Pflanzen kann man diesen Pflanzengemeinschaften oder Pflanzengesellschaften, wie die Pflanzensoziologie sagt, eine Menge abgucken und es sind schöne Übungen, Pflanzengemeinschaften nachzuempfinden und zu stellen. Dazu geht man hinaus in die Natur und holt sich Pflanzengut aus einem sehr eng begrenzten Gebiet herein, das man dann möglichst naturgetreu darstellt. Vor allem bei Pflanzungen gehören selbstverständlich auch Steine, Moose und abgestorbene Pflanzenteile dazu, wie auch Äste und Laub.

Für Fortgeschrittene ist es spannend, in botanischen Büchern oder in einer Exkursions-Flora über die vielen verschiedenen Gesellschaften nachzulesen. So heißt zum Beispiel eine der süd- und mitteleuropäischen Getreideunkrautgesellschaften Tännelkraut-Flur, *Linarietum spuriae*. Dort heißt es: Auf Mergel und Lehmäckern wachsen zwischen dem Getreide zwei kleine, seltene Tännelkrautarten (RUNGE, Die Pflanzengesellschaften Mitteleuropas).

Dazu werden in solchen Werken noch Daten über Blühzeiten, Anteile, Stetigkeit, Wuchsgemeinschaft und Bodenverhältnisse gegeben. Und so gibt es die Nachtlichtnelken-Wolfsmilch-Gesellschaft, die Berg-Ackerfrauenmantel-Gesellschaft, die Ehrenpreis-Erdrauch-Gesellschaft, die Waldkresse-Gänsefuß-Gesellschaft, die Ackerkleinlings-Gesellschaft, die Zypergrasflur, den Thymian-Schafschwingel-Rasen, die Ohrlöffelleinkraut-Schafschwingel-Flur, die Fingerhut-Kahlschlaggesellschaft und viele, viele Gesellschaften mehr, die noch gar nicht alle erfaßt sind. Es ist ein großes Gebiet, das nie langweilig wird, denn immer wieder gibt es Neues zu entdecken, selbst am Straßenrand. Allerdings freue ich mich genauso über Altbekanntes.

Wie bestimme ich Charaktere?

Die Charaktere der Pflanzen zu erkennen, gehört zu den Grundvoraussetzungen des Gestaltens. Das ist leicht gesagt, aber viel weniger leicht gelernt und manch einer bringt es nie zur Meisterschaft in dieser Disziplin, obwohl er schon jahrelang mit Blumen arbeitet. Der Ausspruch »Übung macht den Meister« scheint an dieser Stelle zu versagen, denn anders läßt es sich wohl nicht erklären angesichts so mancher Komposition aus Floristenhand. Oder gehört zur Übung eben doch mehr, als der routinierte Umgang mit Pflanzlichem?
Übung dürfte auch etwas mit Engagement und Herausforderung zu tun haben und mit Zeitaufwand: Wenn ich übe, verlasse ich bekanntes Terrain und begebe mich auf unsicheren Boden, den ich zu erforschen beginne, bis ich die Sicherheit erlangt habe, um den nächsten Schritt zu tun. Auf diese Art kann ich mich in Fachgebiete hineintasten.
Für den Umgang mit Blumen sehe ich gute Übungen darin, sich einzelne Themen zu stellen, die man dann von verschiedenen Seiten angeht. Man kann sich eine Pflanze vornehmen und versuchen, ihre Wesensmerkmale zu beschreiben, um sie dann in verschiedenen Gestaltungen herauszuarbeiten, denn oft hat eine Pflanze mehrere Charakterzüge, die unterschiedlich betont werden können. Zum Beispiel kann man bei der dunkelroten Edelrose das bäuerliche, naturhafte, elegante oder klassische Element betonen, indem man diesen unterschiedlichen Charakterzügen entsprechende Pflanzen in die Gestaltung einbezieht. Welche Ausrichtung man wählt, entscheidet der Standplatz und natürlich das Gefäß. Dabei darf man die Rose aber nicht mit anderen Charakteren übertönen, sondern muß sie umspielen, oder ihr spannungsvolle Kontraste beigeben.
Bäuerliche Charaktere finde ich in den typischen Bauerngartenblumen wie Bartnelken, Margeriten, Schleierkraut, Lupinen, Godetien, Dahlien, Astern und Zinnien. Naturhaftes bietet sich in Gestalt von Doldenblütlern, Wicken- und Kleearten, Gräsern und Wildrosen in Blüte oder mit Hagebutte. Für die elegante Gestaltung darf die Rose langstielig sein und wird mit langen, schlanken Gräsern und großflächigem Blattwerk ergänzt. Zu kurzstieligen braucht man große Blätter und ausschwingende oder abfließende Elemente in klaren Linien. Klassisch wirkt die Rose im eigenen Blätterkleid, im kostbaren Gefäß, oder in dezenter Umgebung von altmodisch wirkenden Blüten, in altertümlich anmutendem Gefäß. Rosen tra-

gen einen weiten Spannungsbogen der Gestaltungsmöglichkeiten in sich.
Andere Blumen sind so eigenwillig, sind solche Spezialisten im Laufe der Evolution geworden, daß man sie nicht ohne weiteres in die verschiedenen Bereiche hineinziehen kann. Clematis ist eine solche Spezialistin. In der Natur hat sie sich, dank ihrer Fähigkeit zu klettern, die Baumwipfel erobert, und kann dort in aller Ruhe, ohne Konkurrenz und im vollen Sonnenlicht ihre Blütenpracht entfalten. Das bedeutet, daß ich in einer typischen Clematis-Gestaltung immer auch die Ranken dieser Pflanzen zeigen muß.
Andere Pflanzen, die flacher am Boden blühen, wie Stauden und einjährige Sommerblumen wollen nie so recht zu ihr passen. Am ehesten lassen sich noch Gehölze, kahl oder mit wenigen Blättern, Blüten oder Fruchtbehang, in Gemeinschaft mit ihr bringen. Die Clematisranke auf dem alten Kleiderschrank kann ihren Wuchs im geschwungenen Geäst vorzüglich zeigen, und andererseits, welcher Pflanze würde man so glaubhaft die Anwesenheit auf dem Schrank abnehmen? Mit anderen Worten, die Clematis gehört zu den wenigen Pflanzen, die sich zur Dekoration so exponierter Plätze eignen. Wobei, wie bei den meisten Arten, kleinblumige Erscheinungen naturhafter wirken, und großblumige elegant oder bäuerlich rustikal, je nach Farbgebung und Blütenform. Auch hier sieht man wieder am Beispiel der Clematis, daß viele Faktoren bei

der Charakterisierung eine Rolle spielen. Obwohl die Clematis schon viele Möglichkeiten ausgrenzt, läßt sich auch bei ihr keine eindeutige Aussage für die Art machen. Ein anderer Gesichtspunkt für den Umgang mit Charakteren wird an der Gestaltung mit Christrosen deutlich. Im Dezember schätzen wir die Blüte mit dem hellgelben Strahlenkranz als zarte, unschuldig anmutende Weihnachtsbotin. Wir bringen sie in diverse Gestaltungszusammenhänge, die deutlich weihnachtlich geprägt sind. Entweder spannungsvoll mit Rot und Braun, oder festlich mit Gold und fast immer mit dunkelgrünen, immergrünen Gehölzen zusammen. Sie läßt sich all dies ohne weiteres gefallen. Es paßt zu ihr, denn sie hat eben zu dieser kargen Zeit ihre Hochzeit. Wer weiß, warum sie in diese Nische hineingeraten ist, daß sie dann blüht, wenn andere Pflanzen Winterruhe halten? Wieder muß man wohl an den Standort denken, an die Böden der Laubwälder, die im Winter und im Frühjahr durch das einflutende Sonnenlicht erwärmt, zur Bühne für einen vielfältigen Blütenflor werden. Als der kleine Strauß mit den

bereits samentragenden Christrosenblütenständen entstand, hüllten sich die Bäume bereits in den hellgrünen Schleier sich entfaltender Blattknospen, giftig grün standen die Blüten von *Helleborus niger* im Garten und wirkten nicht mehr so unschuldig und zart, sondern eher wie Kobolde mit Zipfelmützchen, die am Boden unter dem Licht- und Schattenspiel der stärker werdenden Sonnenstrahlen durchs noch schüttere Blätterdach tanzten. Ich wählte für die Gestaltung zwei Blüten aus, die aber noch kleine, weiße Seitenknospen zeigten, die in der Vase aufblühen würden und ihre zarte Anmut zeigen, genau wie im Winter. Nur würde man jetzt im Angesicht der sprießenden Natur niemals dunkelgrüne, immergrüne Pflanzenteile als Partner suchen, sondern leichtes, helles Grün und Weiß, wie es in der Gestaltung zu sehen ist. Dieses Christrosenarrangement hat mit dem weihnachtlichen Gebinde nichts gemein. Der Grund dafür liegt zum einen in der Rolle, die wir der Blume zuweisen, und zum anderen in den Merkmalen der verschiedenen Jahreszeiten, gekoppelt mit unserer eigenen Erwartungshaltung.

Auch hier muß man wieder feststellen, daß allgemein gültige Regeln für die Charakterisierung schlecht zu finden sind, denn sofort stehen Ausnahmen parat, die eine Festlegung unmöglich machen. Ganz grob läßt sich sagen, daß großblumige, große Formen aus tropischem Bereich elegant wirken, kleinblumige eher naturhaft. Großblütiges aus gemäßigten Zonen wirkt oft elegant, wenn es einen gestreckten Blütenaufbau hat und eher rustikal oder bäuerlich, wenn die Blütenform rund ist. Kleinblumiges kann elegant wirken, wenn es einen langen Stiel hat, der möglichst gebogen sein sollte, sonst wirkt es bäuerlich, lieblich oder naturhaft.

Für das Bäuerliche spielt auch immer der traditionelle Gebrauch eine Rolle. Es gibt die typischen Bauerngartenblumen. Wiederum wirkt nicht jede Bauerngartenblume, wenn man sie isoliert betrachtet, bäuerlich. Kleinblumiges wirkt eher lieblich, wenn die Blüten runde, kindliche Gesichter haben, wie das Gänseblümchen oder das Schleierkraut. Naturhafte Züge erkennt man in skurrilen Formen und eigenwilligen Zeichnungen. Ich denke an Gewürzkräuterblüten und wilde Stiefmütterchen.

Wie anfangs erläutert, hängen die Charaktere mit dem Standort zusammen, so daß man sagen kann, daß im Halbschatten des Waldes eher elegante, ausschwingende Formen entstehen können, als im offenen Berggelände oder an der Küste. Auch Sumpf- und Wasserlandschaften ermöglichen ein gutes Längenwachstum. Harte, trockene Böden bringen eine gedrungene, herbe Vegetation hervor, und die Wüste schließlich die vielen skurrilen Charaktere der Sukkulenten und Kakteen.

Hinweise für den Umgang und die Gestaltung mit Wildpflanzen

Wer es geschafft hat, Vorurteile und Feindbilder den Wildkräutern gegenüber abzulegen, wird diese Pflanzen wie jede Art schätzen, sie erfassen und ihrem Ausdruck entsprechend verarbeiten. Im privaten Bereich hat man gänzlich freie Hand und kann den eigenen Bedürfnissen freien Lauf lassen.

Einmal liebe ich es, Gräser, Blüten und Blätter ganz bedächtig einzeln einzustellen. Ein

anderes Mal habe ich Spaß an der ungezwungenen Leichtigkeit, die ein Armvoll geschnittener Gräser in den Topf zaubert. Wenn man es dann noch schafft, ebenso ungezwungen mit den Blüten umzugehen, entsteht aus der Situation ein Arrangement wie das auf Seite 24, sommerlich leicht und frei von Regeln. »Genommen wie gekommen«, so umschreibe ich ganz gerne solche Gestaltungen, die noch deutlich zufällige oder vom Wuchsstandort gegebene Strukturen zeigen, wie miteinander verwachsene Ranken und Gräser, die so, wie sie gepflückt wurden, in die Gestaltung übernommen werden. Solche Momente machen den Reiz am Umgang mit Wildwuchs aus. Wildwuchs kann Gebinden das genormte, dressierte, und damit oft starre und langweilige Gehabe nehmen, indem man krumm gewachsene und mit sogenannten Makeln behaftete Pflanzen nicht verschmäht, sondern darin den Reiz des Lebendigen erkennt. Manch skurrile Form inspiriert den Gestalter und fordert ihn heraus, neue Wege zu gehen, und ebenso fördern die vielen Eindrücke am Wegrand den Ideenreichtum beim Kombinieren von Arten.
Pure Wildblumensträuße, beim Spazierengehen gepflückt, sind immer schön. Darüber ist man sich einig und es liegt wohl daran, daß die Pflanzen aus einem Lebenszusammenhang stammen, also vom Charakter zusammengehören, und daß man mit recht viel Muße Stengel um Stengel zusammengetragen hat. Auch diese Beschaulichkeit in der Entstehungsphase spiegelt ein Gebinde wider. In Streß und Hektik entstandene Sträuße transportieren eben nur Streß und wie ein lieblos gebundener Strauß aussieht, weiß jeder.
Die Verwendung von Wildpflanzen fordert einen liebevollen, engagierten Umgang mit

ihnen und das nicht nur, weil viele Arten zart und empfindlich sind. So könnte jemand auf die Idee kommen, statt des üblichen Lederfarns den Blumen irgendwelche Wildpflanzen oder Gräser beizugeben und vielleicht nur deshalb, weil sie billiger sind –

Christrosengebinde

Christrose, *Helleborus niger*

Gelbusch, *Leucadendron platyspermum*

Gemeiner Windenknöterich, *Fallopia convolvulus*

Goldrute, *Solidago canadensis*

Klettenlabkraut, *Galium apparine*

rosa Heide, *Erica*

Technik: Die Stiele der Pflanzen und Blumen wurden schräg aneinander gelegt, zusammengebunden und ins Gefäß gestellt. Knöterich und Labkraut wurden miteinander verschlungen und dann locker um das Gebinde herumgelegt und hineingewoben. Für den Transport müßte man die Ranke mit feinem Draht im Gezweig fixieren.
Farben: Weiß, Hellrosa, Hellgelb, Hellgrün, Gelbgrün, Beige, Grau, Hellbraun und Gold. Das Gefäß ist beigefarben, grau, taubenblau und altrosa.
Aussage: Das Christrosengebinde mit seinen zarten Pastellfarben spiegelt den Winter wider. Doch die Bewegung der umkreisenden Ranken und das Hellgelb der Staubgefäße und das des Gelbusch deuten bereits den nahenden Frühling an.
Hinweis: Das Gestalten mit umschlingenden Ranken führt nur dann zu einer Harmonie, wenn die jahreszeitliche Verbindung zu den Blumen stimmt. Also wird man keine Nelken oder Gerbera mit toten Ranken kombinieren, sondern Vorfrühlingsblumen. Ausnahmen bilden abstrakt graphisch gehaltene Arrangements.

Rotes Straußgras, *Agrostis tenuis*

Es gibt 150 bis 200 Straußgras-Arten von denen sechs in unseren Breiten heimisch sind. Das Rote Straußgras ist bei uns eines der häufigsten.

Standort: Magere, kalkarme Wiesen, Weiden, Moore, lichte Wälder und Kahlschläge sind oft sehr großflächig mit diesem Gras bewachsen.
Pflücktermin: Man pflückt das blühende und samentragende Gras im Hochsommer und Herbst. Die Blütezeit des Roten Straußgrases ist sehr ausgedehnt. Sie geht bis in den September hinein. Dieses Gras ist auch im Winter noch attraktiv. Dann ist es zwar vom Wetter ausgewaschen und samenlos, aber immer noch recht gut in der Form.
Verwendung: Im Winter und zur Vorfrühlingszeit findet das nun ausgebleichte Rote Straußgras in zierlichen Gebinden Verwendung als feines winterliches Gespinst. Die flach am Boden darniederliegenden, abgestorbenen Blätter der Pflanze sind als Osterheu gut verwendbar. Sie lassen sich leicht ausrupfen. Wohl auch wegen seiner langen Verwendungszeit, ist das Rote Straußgras eines der meistgebrauchten Gräser in der Binderei. Es blüht von Juni bis August und kommt massenhaft vor. Die Ernte ist leicht und seine Verwendbarkeit recht vielseitig. Wegen seines flauschigen Aussehens und eleganten Farbtons bringt es romantischen Charme in Rosensträuße und verbindet knallig bunte kugelrunde Blütengesichter der Pompondahlie miteinander. Zusammen mit Weidenröschen, Rainkohl, Labkraut, munter wirkenden Hagebutten und bunten kleinen Sommerblumen entstehen geheimnisvolle Sträuße des Altweibersommers. Zusätzlich durchwirkt mit Windenknöterich, bietet sich dem Betrachter in diesen Gebinden ein mystisches, undurchschaubares Bild.
Haltbarkeit: Gräser halten sich viele Tage frisch in der Vase und trocknen im Laufe der Wochen sehr gut ein.
Konservierung: Die Pflanzen trocknen an der Luft auf dem Trockenboden, stehend an die Wand gelehnt oder liegend in dünner Schicht ausgebreitet. Gut geeignet sind auch große Pappkartons, die großen Holländer-Kartons, in die man die Gräser locker einstellt. Man erntet die Gräser nach der Blüte, das heißt, wenn sie keinen Pollen mehr abgeben und anfangen, ihre Samen auszubilden.

'Florence' im Winterkleid

Gestaltung: Das Arrangement ist ein rundgebundener Strauß, sehr flach und kompakt gehalten, mit feingliedrig ausschwingenden Bewegungen. Es ist ein typischer Strauß für flache Tische. Die Auswahl der Pflanzen erfolgte nach zwei Gesichtspunkten. Einerseits mußte die eigenwillige Zartheit der Rose erhalten bleiben, andererseits sollte der Strauß kurz, kompakt und vielfältig werden. Um die Dominanz der Rose nicht zu gefährden, kamen neben dem frischen Winterschneeball nur getrocknete Pflanzen in Frage. Trockene Silberlinge mit zauberhaften rosa Farbnuancen auf den Samenhüllblättern bereichern das leichte Farbspiel. Romantisch leichte Lückenschließer sind die hellgrünen Hortensienblüten, ebenfalls mit natürlichem zartrosa Hauch. Immer altmodisch verspielt wirkt das kleinblumige Staudenschleierkraut. Im Samenstand bleibt es beim Trocknen besonders gut in Form. Eine Betonung des rosa Hauchs gibt es noch einmal durch das im Sommer getrocknete Rote Straußgras. Taube Trespe zusammen mit Eucalyptus bilden einen abschließenden, filigranen Strahlenkranz.
Technik: Die Stengel aller Pflanzenarten wurden schräg aneinander gelegt, beginnend in der mittleren Partie. Die Hortensienblüten wurden gedrahtet, das 'Plumosa' im mittleren Bereich wurde zu kleinen Büscheln gedrahtet und hat eine füllende und tragende Funktion für die Blüten.
Farben: Altrosa, Beige, Zartrosa, helles Blaugrün, Schilfgrün, Graugrün. Das Gefäß ist aus hellbrauner Salzglasurkeramik.
Aussage: Es ist ein Strauß mit den bescheidenen feinen Reizen des Winters. Zurückhaltende Stille mit spürbarer Wärme und Anmut bietet dieses ein wenig altmodisch wirkende Gebinde.
Hinweis: Sträuße dieser Machart werden im Laufe der Tage in der Vase zu Trockensträußen. Die frischen Pflanzenteile trocknen in der trockenen Luft unserer Wohnräume ein.

Taumel-Kälberkropf, *Chaerophyllum temulum*

Standort: Der Taumel-Kälberkropf wächst auf humosen Lehmböden, halbschattig und schattig. Die zweijährige Pflanze ist Stickstoffanzeiger.
Pflücktermin: Er ist eines der späten Doldengewächse, die es zu pflücken gibt. Seine gut entwickelte Blüte schneidet man ab August, den grünen Fruchtstand ab September. Schließlich ist sein trockener Samenstand den ganzen Winter hindurch zu finden. Auch wenn die Samen bereits ausgefallen sind, bleibt die filigrane Gestalt dieser abgestorbenen Pflanze attraktiv.
Verwendung: Die überaus zierliche weiße Dolde ist wie geschaffen für duftige, zarte Sommergebinde, wobei ich die Verwendung für offene Sträuße und Gestecke einer geschlossenen Straußform vorziehe. Der leichte schöne Bau der Pflanze kommt besser zur Geltung. Natürlich kann man jede Dolde wegen ihrer flachen Blütenform auch wunderbar für flächige Gestaltungen einsetzen. Sie bringen zierende Aspekte und erinnern mit ihrem feinen Blütenmuster an Stickarbeiten. Die grünen Fruchtstände im Spätsommer und Herbst werden kombiniert mit Freilandrosen und Hagebutten, schönem Laub und ausschwingenden Gräsern. Auch mit Nelken, Pompondahlien, Glockenblumen und anderen altmodisch wirkenden

Linke Seite:
'Florence' im Winterkleid

Eucalyptus

Hortensie, *Hydrangea*-Hybride

Juniperus chinensis 'Plumosa'

Mondviole, *Lunaria*

Rose 'Florence' aus dem Kalthaus

Rotes Straußgras, *Agrostis tenuis*

Schleierkraut, *Gypsophila paniculata*

Taube Trespe, *Bromus sterilis*

Winterschneeball, *Virburnum tinus*

Rechte Seite:
Bunte Tulpen

Bunte Tulpen in Sorten
Eucalyptus
Birke, *Betula tristis*
Mahonie, *Mahonia*
Sumpfporst, *Ledum palustre* (aus gärtnerischer Kultur)
Raps, *Brassica napus*
Segge, *Carex*
Rotes Straußgras, *Agrostis tenuis*
Wolliges Honiggras, *Holcus lanatus*

Blüten läßt es sich verbinden. Wie viele kleine glitzernde Sterne erscheint der mit Bronze besprühte Samenstand zur Weihnachtszeit. Er bringt Zauber in jedes Gebinde. Zur Zeit des Frühlingserwachens mag ich den Kälberkropf noch immer und kombiniere ihn mit Zwiebelgewächsen, trockenen Gräsern und immergrünen Pflanzenteilen, und ein großer Tuff Kälberkropf in einem schönen Gefäß bietet einen entzückenden Anblick, und zwar in allen Stadien.
Haltbarkeit: Gut und lange haltbar sind voll ausgebildete Pflanzen im Aufblühstadium, halbschattig oder in der Sonne gewachsen. Sehr knospige Pflanzen und solche aus Schattenlagen werden schnell schlapp. Sie haben zu wenig Zellulose aufbauen können. Den Samenstand kann man im Spätherbst und Winter überall ernten. Ein Ankochen der Stielenden macht den Blütenstand für die Vase haltbar.
Konservierung: Nur der Samenstand im Herbst ist für die Trocknung interessant.
Bemerkung: Der Name Taumel-Kälberkropf weist auf das giftige Chaerophyllin hin. Es läßt das Vieh nach Genuß taumeln. Taumelnde Floristen konnte ich noch nicht beobachten.

Bunte Tulpen

Gestaltung: Das Bild zeigt einen gestuft gebundenen Vasenstrauß, der deutlich getrennt zwei Ebenen in sich trägt. Ein dichtes Gewirr aus winterlich abgestorbenen Pflanzenteilen als Hintergrund, vor dem bunte Tulpen fast tanzend in den Raum hineinwachsen. Die Birkenzweige und die weitausladenden Eucalyptuszweige stecken den Rahmen ab, fallen aber in ihrer Bewegung nicht in den Tanz ein. Glänzendes Mahonienlaub ist ein guter Gegensatz zu den Gräsern und bringt außerdem die Farben zum Leuchten.
Technik: Das Arrangement ist ein gebundener, einseitig ausgerichteter Strauß. Zuerst wurde der Hintergrund gestaltet, dann das Tulpengesicht.
Farben: Viele Pflanzenteile enthalten die Farben Beige und Braun. Es gibt blaues Grün, helles Grün, dunkles Grün, Weiß, Gelb, Apricot, Pink, Orangerot und Violett. Die Glasur der Vase ist taubenblau-grau und ein wenig beige.
Aussage: Sträuße dieser Art verleugnen nicht die Realität des Winters, lassen aber die Sehnsucht nach Frühling zu. Der Strauß wirkt frohgestimmt, aber nicht unbeschwert heiter.
Hinweis: Wenn die Natur in Schnee gehüllt ist, reagiert das Auge stärker auf abgestorbene Pflanzenteile. Man muß entsprechend dezenter damit umgehen.

Die Kornrade, *Agrostemma githago*

Standort: Das einjährige, bis 1 m hoch werdende Ackerwildkraut war früher häufig im Getreide anzutreffen, heute ist es das zum Glück nicht mehr. Die Pflanze ist giftig, ihr Samen zwischen Getreide gefährlich. Die Kehrseite der Medaille – diese seit der Steinzeit bekannte, bildschöne kleine Blume ist vom Aussterben bedroht.
Möglicherweise pflege ich vor meinem Haus eines der größten Kornradevorkommen dieser Gegend. Angesiedelt hatte sich die Pflanze zufällig. Ich entdeckte sie zwischen Rapsblüten und Getreide bei den dicken

Rosenbüschen und allerlei Sonnenblumengesichtern auf dem schmalen Streifen zwischen Haus und Dorfstraße. Der humose Lehmboden schien ihr sehr zu gefallen. Im darauffolgenden Jahr hatte sie sich schon kräftig versamt.
Pflücktermin: Die Blüten der Kornrade sind im Juni und Juli schön, die Samenstände im Oktober.
Verwendung: Die Kornrade ist ein lieblich bis elegant wirkendes Nelkengewächs, das immer seine hübsche Gestalt zum Ausdruck bringen muß. Als Blüte macht sie sich gut in locker und luftig gebundenen Sommerblumensträußen. Ihre Eleganz könnte in linearer Gestaltung, zum Beispiel in Verbindung mit Rosen und Nelken, zur Geltung gebracht werden. Ihre altertümlichen Züge, die wohl auch durch die langzipfeligen, über die Blüte hinausragenden Kelchblätter hervorgerufen werden, prädestinieren sie auch zu altmodisch prächtigen Gestaltungen. Dort übernimmt sie die Rolle der kleinen, etwas über die Blütenfülle großer üppiger Blumen herausragenden, filigranen, zierenden Blüte. Sie ist das umspielende Element im Zusammenspiel mit Blüten von Winden und wilden Erdbeeren. Der trockene Samenstand steht der Blüte an Schönheit in nichts nach. Er verzückt das Auge durch Lieblichkeit. Naturbelassen oder mit Bronze besprüht, findet die Kornrade zur Vorweihnachtszeit ihren Platz genauso wie im Winter und Vorfrühling, wenn Ranunkeln, Nelken oder Islandmohn zusammen mit getrockneten Grasblüten und Zweigen ihre Reize spielen lassen.
Haltbarkeit: Kornradeblüten stehen einige Tage in der Vase und Knospen blühen nach. Man sollte die Stielenden anbrühen.
Konservierung: Die grünen Samenstände im Frühherbst werden zum Trocknen aufgehängt. Besser ist es, die Pflanze draußen reifen zu lassen und die Samen für die Vermehrung herauszuschütteln. Man pflückt sie dann im Spätherbst.
Bemerkung: Der natürliche Kornradenbestand ist stark gefährdet. Die Pflanze steht auf der Roten Liste. Manchmal findet man Kornradensamenstände in gemischten Trockenblumensträußen, die in Südeuropa zusammengestellt wurden. Mag sein, daß der Anbau hier mit diesen Samen gelingt.

Nelkengewächse

Gestaltung: In diesem stufig gebundenen Strauß mit aufstrebendem Charakter in hoher ovaler Keramikvase erkennt jeder auf Anhieb *Dianthus*, ein Nelkengewächs. Daß sich aber in Gestalt der elegant gewachsenen Samenstände auch ein Nelkengewächs verbirgt, wird den meisten unbekannt sein. Es ist die Kornrade, die in dieser Gestaltung altmodische Anmut und Eleganz verstärkt. Die Nelke ist immer ein wenig vornehm. Man sollte diesen Zug immer aufgreifen. Je nach Farbgebung und Blütengröße gibt es Tendenzen zur Strenge oder Verspieltheit. Kurzstielig eingebundene Nelken wirken plump und nichtssagend. Als Sommerblume ist die Nelke im Winter nur in dezenten Farben zu empfehlen, um sie mit winterlichem Beiwerk in die Jahreszeit integrieren zu können. Sehr winterlich und sehr schön ist hier das Farbspiel der Violett- und Brauntöne. Auf hervortretendes Grün wurde gänzlich verzichtet.
Technik: Begonnen wurde mit dem mittleren, dem grasigen Teil. In zweiter Ebene wurden Nelken und Bindegrün abgestuft und die Stiele dabei schräg aneinandergelegt. Der Strauß ist mit Bast gebunden.

Nelkengewächse

Dodonaea

Geschlängelte Schmiele, *Deschampsia flexuosa*

Grevillea

Kornrade, *Agrostemma githago*

Mahonie, *Mahonia*

Nelke, *Dianthus*

Segge, *Carex*

Rechte Seite: Rote Rosen im Winter

Feinhalmmiscanthus, *Miscanthus sinensis* 'Gracillimus'

Rainkohl, *Lapsana communis*

Reitgras, *Calamagrostis*

Rose 'Mercedes'

Rotes Straußgras, *Agrostis tenuis*

Farben: Lilarot, Dunkelviolett, Tiefgrün, Blaugrün, Beige und Brauntöne. Die Oberfläche der Vase ist rehbraun, grau und beige und hat einen violetten Schimmer.
Aussage: Eingebunden in winterliche Stille gibt sich die Edelnelke wie immer ein wenig unnahbar. Doch durch das filigrane, wildhafte Beiwerk entsteht eine natürliche, schlichte Eleganz.
Hinweis: Die wildwachsende Kornrade ist vom Aussterben bedroht. Diese Samenkapseln stammen aus eigenem Anbau.

Gemeiner Rainkohl, *Lapsana communis*

Standort: Der Rainkohl ist, wie der Name sagt, am Wegrand anzutreffen. Gern in halbschattiger, sogar schattiger Lage. Er mag es nährstoffreich und etwas feucht. Man trifft ihn häufig und meist sehr zahlreich.
Pflücktermin: Ab Mitte Juni, sobald sich die ersten Blüten öffnen, kann man ihn pflücken und dann den ganzen Sommer, Herbst und Winter hindurch. Selbst im Frühjahr, nach Eis und Schneegestöber, stehen die zierlichen Samenstände noch aufrecht am Rain und bieten sich als winterlicher Aspekt für die Frühlingssträuße an.
Verwendung: Jetzt im Winter kann man mit dem filigranen Rainkohl, Gräsern und Geäst ein feines winterliches Gestrüpp bilden, durch das sich die treibenden Zwiebelgewächse ihren Weg bahnen können. Zur Weihnachtszeit setzt mit Bronze besprühter Rainkohl außerordentlich reizvolle Akzente. Im Sommer und Herbst gibt der blühende oder fruchtende Rainkohl dem Gebinde sehr liebliche Züge. Allerdings muß er die Chance haben, seinen feinen Wuchs zeigen zu können. Kurz eingebunden, ist seine Schönheit verschenkt.
Haltbarkeit: Im Juni ist die junge, knospige Pflanze etwas empfindlich. Man sollte die Stielenden anbrühen. Besser ist es, erst ab Mitte Juli zu pflücken, dann ist die Pflanze stabiler und hält sich viele Tage als Schnittblume. Der Fruchtstand im Herbst geht im Vasenwasser in den Trockenzustand über.
Konservierung: Man trocknet die blühenden Pflanzenteile hängend. Fruchtstände können liegend oder stehend getrocknet werden.
Bemerkung: Die Blüten schließen sich bereits am frühen Nachmittag.

Rote Rosen im Winter

Gestaltung: Der Strauß ist kugelförmig rundgebunden. Die Rose 'Mercedes' aus dem Kalthaus hat ein leuchtendes Rot. Dunkel ledriggrün ist das Blatt und auf der ganzen Pflanze liegt ein tiefer Glanz. In diesem Strauß ist die sonst so langweilige 'Mercedes' reizvoll geworden. Die Kombination mit den vielen winterlichen, erdnahen Brauntönen betont auch den Ursprung der Rose aus rauhem Bergklima.

Technik: Die Rosenstiele und Gräser wurden abwechselnd schräg aneinandergelegt. Dabei wurde der Strauß in der Hand gedreht.
Farben: Rot, Beige und Brauntöne. Die Vase ist beigebraun.
Aussage: Es ist nicht gerade ein Strauß, der stürmische Liebe bekundet, spricht aber von Tiefe und Beständigkeit.
Hinweis: Kalthausrosen sollten im Aufblühstadium gekauft werden. Sehr knospig geschnittene Blüten entfalten sich in den warmen Räumen nicht.

Rechte Seite:
Erlenstrauß
Dodonaea
Eucalyptus
Reitgras, *Calamagrostis*
Roterle, *Alnus oregona*
Schneebeere, *Symphoricarpos*
Tulpe 'Apricot'
Windhalm, *Apera spica-venti*
Johanniskraut, *Hypericum perforatum*

Wucherknöterich oder Japanischer Buchweizen, *Reynoutria sachalinensis*

Standort: Diese stark wuchernde Staude ist bei uns nicht ursprünglich heimisch. Wegen seiner außerordentlichen Wüchsigkeit trifft man den Wucherknöterich inzwischen aber überall dort, wo einmal ein Wurzelstück Fuß fassen konnte. Oft wuchert er aus Gärten heraus, so daß man ihn an Straßenrändern pflücken kann.
Pflücktermin: Gepflückt werden kann das Blatt erst ab Herbst, wenn die Pflanze genug Zellulose aufgebaut hat. Die abgestorbenen, oberirdischen Pflanzenteile kann man den ganzen Winter hindurch ernten. Sie sind sehr stabil.
Verwendung: Man verwendet hauptsächlich das Blattwerk, besonders mit gelber Herbstfärbung. Dazu wird die große Pflanze zerlegt und das Blattwerk kurzstielig für Sträuße verwendet. Die dem Bambus etwas ähnelnden dicken Stengel machen sich gut in graphisch gehaltenen Gestaltungen. Man kann sie legen oder stellen, gebündelt oder einzeln verwenden, als kurzgeschnittene Stücke oder in ganzer Länge benutzen. Die schönen, rehbraunen trockenen Pflanzenteile sind außerordentlich dekorativ für großzügige winterliche Arrangements. Wegen ihrer Ausmaße sind sie für Raumdekorationen unentbehrlich. Zur Weihnachtszeit sind golden besprühte Triebspitzen von filigraner Eleganz.
Haltbarkeit: Die 3 m hohen Pflanzenteile sind mit vollständigem Blattbehang im Schnitt nicht haltbar. Sie machen schlapp. Deshalb muß die Pflanze stark ausgelichtet oder zerteilt werden. 30 bis 50 cm große Zweige mit Blättern besetzt, halten sich recht gut. Es ist aber ratsam, die Stiele anzubrühen. Pflanzen, die in sonniger Lage gewachsen sind, halten sich besser als solche aus schattiger Lage. Vor allem auf magerem Boden gewachsene Exemplare sind recht zählebig. Sie sind kleinwüchsiger und kleinblättriger.
Konservierung: Da die Pflanze sehr sperrig ist, wird man wohl auf eine Lagerung verzichten. Man läßt sie an Ort und Stelle stehen und erntet auch im Winter bei Bedarf. Von sehr zellulosehaltigen Exemplaren kann man das Blattwerk für die Trockenblumenbinderei trocknen.
Bemerkung: Zu jung gepflücktes Blattwerk ist überhaupt nicht brauchbar.

Erlenstrauß

Gestaltung: Ausgangspunkt für diese Gestaltung waren die wunderschönen Zweige der nordamerikanischen Roterle, *Alnus oregona*. Es galt, sie in Kombination zu bringen mit Winter und Frühling. Die ihnen beigeordneten Tulpen im Farbton der blühenden Hängekätzchen zeigen den Frühling. Der Winter wird durch abgestorbene Gräser und Johanniskraut repräsentiert. Zusätzliche Formenvielfalt wird durch das Blattwerk von *Dodonaea* und *Eucalyptus*. sowie von der Kälte rötlich verfärbter Mahonie gegeben. Farblich bleibt das Bindegrün zurückhaltend.
Technik: Der Strauß ist weitschweifig rundgebunden, wobei die Stiele schräg aneinandergelegt wurden.
Farben: Apricot, Beige und Brauntöne, helles Blaßgrün, Blaugrün und Dunkelblaugrün. Die Vase hat eine beige-braun-blaugraue Glasur.
Aussage: Der Strauß strahlt eine sehr erdverbundene, ruhige Frühlingserwartung aus.

Bemerkung: Hybrid-Tulpen im Januar, kombiniert mit winterlichem Beiwerk, sollte man nicht vegetativ verarbeiten. Ihre Zeit ist der Frühling mit frischem Grün und Blütenzweigen. Erst kombiniert mit diesen Pflanzen, wird das gewachsene Gesteck glaubhaft. Für vegetative Gestaltungen im Winter nehme man Schneeglöckchen, Märzenbecher, botanische Tulpen, frühe Narzissensorten und frühe Krokussorten oder blühende Zweige des Winterjasmins.

Johanniskraut, *Hypericum perforatum*

Standort: Das Johanniskraut oder Tüpfelhartheu liebt die Sonne und magere, sandige Böden.

Pflücktermin: Ab Juni kann man die blühende Pflanze pflücken, im Herbst die rötlich fruchtende Pflanze und noch im Winter den braunen Samenstand. Das Hartheu ist sehr witterungsbeständig.

Verwendung: Die blühende Pflanze ist gut für Sommersträuße, solange sie noch keine bräunlich verblühten Stellen zeigt, die schon herbstliche Aspekte hineinbringen würden. Ab August ist es gut in Verbindung mit reifem Getreide für rustikale Gebinde. Der rötliche Fruchtstand im Herbst (je sonniger und magerer der Standort ist, desto rötlicher und schöner ist die Frucht) bringt viel Stimmung ins Gebinde. Die füllende Eigenschaft prädestiniert die Pflanze für rundgebundene Sträuße, die auch gut getrocknet werden können. Verbindungen mit kleinblumigen Chrysanthemen oder Freilandrosen sind schön. Der braune Fruchtstand bringt in Kombination mit Frühlingsblumen einen winterlichen Aspekt ins Gebinde. Man verwende Johanniskraut sparsam als Hintergrund- bzw. Untergrundgebüsch, aus dem der Frühling bereits hervorgetreten ist. Sehr gut eignet sich der trockene Samenstand für rustikale Trockenblumengebinde. Für zarte oder elegante Binderei eignet sich *Hypericum perforatum* in den seltensten Fällen. Golden besprüht, für die Weihnachtsbinderei, treten die niedlichen Strukturen der Samenkapseln hervor.

Haltbarkeit: Die blühende Pflanze ist sehr haltbar, wenn sie nicht zu jung geschnitten wird. Auch die Knospen entfalten sich. Im Herbst hält sich die fruchtende Pflanze vierzehn Tage und länger frisch, ist also sehr unempfindlich.

Konservierung: Man trocknet den Samenstand der Pflanze im Herbst liegend, stehend oder hängend und kann sie auf dem Trockenboden lagern.

Bemerkung: *Hypericum perforatum* ist eine alte Heilpflanze. Aus ihr wird das bekannte Johanniskrautöl bereitet. Es gibt noch einige andere *Hypericum* Arten. Das zierliche *Hypericum elegans* und das Sumpfjohanniskraut, *Hypericum elodes* sind stark gefährdet.

Krokus in Sicht

Gestaltung: Eine Handvoll winterlich abgestorbener Katzenminze gab den Anfang. Ein paar trockene, feine, sommerlich grüne Gräser, ein paar vom Frühlingssturm abgeknickte Wintergräser, Erlenzweige und die zerzausten Samenstände des Weidenröschens gesellten sich hinzu. *Dodonaea*, das Blattwerk aus der Fremde, und die violetten Krokusblüten aus dem Frühlingsblumenrepertoire erwecken Leben im Winterbild.
Technik: Das Arrangement ist eine ungebundene Vasenfüllung. Das zuerst eingestellte Katzenminzebüschel fungiert als Gerüst, in das die anderen Pflanzenarten hineingesteckt werden.
Farben: Violett, Beigebraun, Hellgelb, Grün, Graugrün und Grau. Die Vase ist beige mit kleinen, dunkelbraunen Tupfen.
Aussage: Der kleine Strauß macht die treibende Kraft des Frühlings sichtbar. In Gestalt des Krokus bahnt er sich seinen Weg und läßt den Winter hinter sich. Es ist ein naturnahes Pflanzengewirk. Beim Erblühen der Krokusse wird dies deutlich werden.
Hinweis: Arrangements dieser Art erfordern ein sehr natürlich schlichtes Umfeld. Skandinavisches Design wäre passend.

Krokus in Sicht

Dodonaea

Hainrispengras, *Poa nemoralis*

Katzenminze, *Nepeta faassenii*

Krokus

Reitgras, *Calamagrostis*

Schwarz-Erle, *Alnus glutinosa*

Zottiges Weidenröschen, *Epilobium hirsutum*

Zottiges Weidenröschen, *Epilobium hirsutum*

Standort: Das großwüchsige, buschig wirkende Zottige Weidenröschen ist häufig an Gräben, Bächen und Flüssen und Gewässern auf nährstoffreichem, kalkhaltigem Tonboden zu finden. In seiner Nachbarschaft wachsen Schilf, Mädesüß und Zaunwinde.
Pflücktermin: Ab Juli kann man die blühende Pflanze schneiden. Den ganzen Herbst hindurch ist ihr Fruchtstand schön und im Winter locken die skurrilen, nun meist leeren Samenstände.
Verwendung: Die Pflanze des Zottigen Weidenröschens weist viele Verzweigungen auf, die sich sehr gut unterteilen lassen, sich somit zur Verarbeitung in rundgebundenen, kurzen Sommersträußen eignen. Die lieblich wirkenden, purpurrosafarbenen Blüten bringen einerseits Zartheit in das Gebinde, andererseits eine leichte, buschige Fülle. Diese füllende Eigenschaft macht sie besonders im Spätsommer mit ihrem rötlichen, noch unreifen Fruchtstand zu einer begehrten Pflanze mit vielen Verwendungsmöglichkeiten. Sie ziert, schmückt und füllt in lieblich bis rustikal wirkenden Sträußen. Die wollig ausflockenden Samenstände dieser Weidenröschenart im Spätherbst sind nicht besonders attraktiv. Eher kann man im Winter die ausgebleichten, leeren Samenstände pflücken, um einen Eindruck von Winterwetter ins Gebinde zu bringen. Dann sieht das Weidenröschen nämlich recht zottig, von Wind und Wetter gebeutelt, aus.
Haltbarkeit: An sonnigen Standorten gepflückt und besonders ab Spätsommer, ist das Zottige Weidenröschen sehr haltbar. Zehn bis vierzehn Tage lang kann man sich an den nachblühenden, allerdings blasser werdenden Blüten erfreuen. Für die Wasserversorgung ist es besser, die großwüchsigen Pflanzen zu zerteilen. Langstielig verwendet, ist ein Ankochen unbedingt nötig. Sie werden sonst leicht schlapp.
Konservierung: Der unreife, rötlich angehauchte Samenstand im Herbst wird getrocknet. Er ist für Trockensträuße oder, mit Bronze besprüht, für die Weihnachtsbinderei interessant.
Bemerkung: Es gibt viele gut verwendbare Weidenröschen-Arten. *Epilobium hirsutum* zeichnet sich durch seine Fülligkeit aus.

Wundervolle Zaubernuß

Gestaltung: Immer wieder erscheint sie mir wie ein Wunder: *Hamamelis mollis*, die Zaubernuß mit ihren duftenden, zierlichen Blüten, zu einer Zeit, in der sonst alles ruht, vom Schnee bedeckt ist. Diesem Wunder nicht die Dominanz zu nehmen und es trotzdem zu kombinieren und zu integrieren, so lautet die Aufgabenstellung. Eine Prise Winter in Form von Gras und Ranken, eine Prise Frühling in Form der Tulpe in den Hamamelisfarben mit umgekehrten Farbanteilen. Viel Bordeauxrot, wenig Gelb zeigt die Tulpe. Viel Gelb, wenig Bordeauxrot zeigt die Hamamelisblüte. Die Zaubernuß füllt den mittleren Raum des Gesteckes. Auf den ersten Blick erscheint das Arrangement wie gewachsen. Es ist aber keine vegetative Gestaltung, sondern ein graphisch aufgebautes Gesteck mit wildhaftem Charakter. Dafür spricht der gemeinsame Wuchsmittelpunkt aller verwendeten Pflanzen. Gegen eine vegetative Gestaltung spricht auch, daß Tulpen verwendet wurden, die erst im Mai blühen, wenn *Hamamelis mollis* schon verblüht ist.

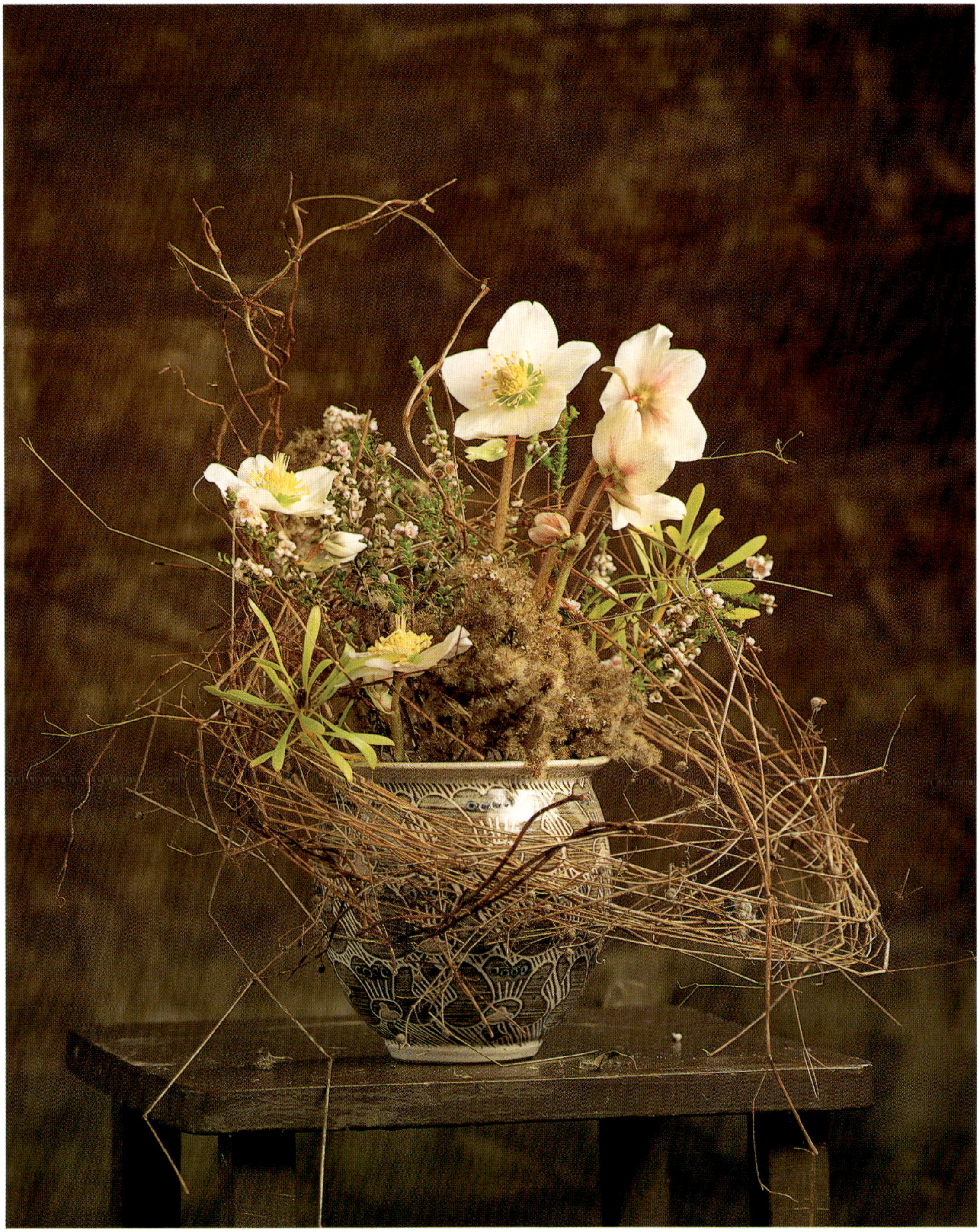

Christrosengebinde

Christrose,
Helleborus niger

Wundervolle Zaubernuß

Bronceblatt,
Galax urceolata

Rotes Straußgras,
Agrostis tenuis

Tulpe

Windenknöterich,
Fallopia convolvulus

Zaubernuß,
Hamamelis mollis

Rechte Seite:
Strauß mit Schneeheide
Asparagus
Bronceblatt, *Galax urceolata*
Erle, *Alnus*
Eucalyptus
Grevillea
Kätzchenweide, *Salix*
Korkenzieherweide, *Salix matsudana* 'Tortuosa'
Kornblume, *Centaurea cyanus*
Reitgras, *Calamagrostis*
Rotes Straußgras, *Agrostis tenuis*
Rainkohl, *Lapsana communis*
Schneeheide, *Erica carnea*
Sumpfporst, *Ledum palustre*

Technik: Die Blumen wurden auf einen Kenzan gesteckt, der für den Transport am Gefäßboden fixiert sein muß. Für das Stekken auf einen Steckigel müssen dicke Zweige angespitzt oder gespalten werden. Gräser werden mit Bast zu kleinen Büscheln gebunden und fixiert.
Farben: Bordeauxrot, Hellgelb, Rotbraun, Schilfgrün, Oliv, Grau, Hellbraun und Braun. Das Gefäß hat eine rotbraune Glasur auf beigefarbenem Ton.
Aussage: Das Gesteck zeigt einen aparten, weichen Winterausdruck voll Duft und Zauber.
Hinweis: Die hier nicht sichtbare Wasserfläche in der Schale bringt zusätzlich einen optischen Reiz und bildet ein feuchtes Kleinklima für den empfindlichen Zweig.

Reitgras, *Calamagrostis*

Unter den achtzig Arten wachsen etwa zehn verschiedene Reitgräser in unserem Klima, von denen ich hier die dem Schilfrohr ähnelnden großwüchsigen Gräser vorstellen möchte. Sie werden 50 cm bis 1,50 m hoch und können mit ihren Ausläufern große Horste bilden.
Standorte: Das Landreitgras, *Calamagrostis epigeios* wächst auf trockenen Böden an Straßenrändern, am Wald und Strand und in der Heide. Das Lanzettliche Reitgras, *Calamagrostis canescens* wächst auf feuchtem Grund an Gräben, in Gebüschen, wo es moorig ist. Das Rohr-Reitgras, *Calamagrostis arundinacea* ist im lichten Bergland zu finden, nicht auf kalkigen Böden, sondern in Auenwäldern und Erlenbrüchen.
Pflücktermin: Das Blattwerk der sprießenden Reitgräser kann man bereits im Frühling pflücken. Besonders reizvoll ist der Nachwuchs im Sommer und Herbst, nach der Mahd. Wegen seiner guten Stabilität kann man das abgestorbene Gras auch noch nach Schnee und Eis pflücken.
Verwendung: Beim Reitgras ist besonders das breite Blattwerk der Pflanze gefragt, weniger seine Blüte. Im Winter und Vorfrühling erzählt es vom Winter und von den ersten Frühjahrsstürmen, wenn es, zum Teil abgeknickt, die Windrichtung in den Sträußen angibt. Im Herbst und Spätherbst mit gelber Verfärbung, findet es besonders im Zusammenhang mit klein- und großblumigen Chrysanthemen seinen Platz. Für leichte Sommersträuße ist es zu grob. In Gestaltungen mit Wasserflächen übernimmt es die Rolle des Schilfes. Auch zum Bilden einer Blattmanschette um kurze, rundgebundene Sträuße ist es geeignet.
Haltbarkeit: Das junge Gras ist natürlich empfindlicher als ausgereifte Triebe. Dennoch ist Reitgras, wie alle Süßgräser, recht robust.
Konservierung: Man schneidet Blattwerk ohne Blüten im Spätsommer und Herbst nach der Mahd am Straßenrand oder auf der Wiese und trocknet es stehend oder liegend auf dem Trockenboden. Gräser werden so gut wie nie hängend getrocknet, weil es ihre Statur unnatürlich verändern würde. Sie würden steif und schwunglos.
Bemerkung: Als Erntewerkzeug ist ein sehr scharfes Messer, eventuell mit leichter Zähnung zu empfehlen.

Strauß mit Schneeheide

Gestaltung: Dieser rundgebundene Strauß mit auslaufenden Bewegungen hat in der Schneeheide sein blütenreichstes Element. Es ist einer der ersten wahrhaftig wirkenden

Natursträuße in diesem Winter, der nun notgedrungen dem Frühling Platz machen muß, denn die Sonne hat bereits viel Kraft. Die Schneeheide blüht, und an geschützten Stellen beginnen Weiden und Haselkätzchen ihre Staubgefäße zu zeigen.
Wo es dem Strauß an Wahrheit mangelt, sieht der Florist natürlich sofort. Denn er enthält diverse fremdländische Pflanzenteile. Nur sind diese mit ihrem dezenten Grünton sehr zurückhaltend und winterlich in der Ausstrahlung. Sie gehören zu dem Bereich der immergrünen Pflanzen, die mit ihrem harten Laub recht streng wirken. Den winterlichen Aspekt bringen trockene Gräser und Samenstände in das Gebinde.
Technik: Die Pflanzenstengel wurden schräg aneinandergelegt und dabei der Strauß in der Hand gedreht. Kompakte Formen wurden kürzer gefaßt im Gegensatz zu zarten, feinen Formen, die weiter aus dem Gebinde herausspielen dürfen. Die großflächigen Galaxblätter bilden einen manschettenartigen Abschluß. Der Strauß ist mit Bast gebunden.
Farben: Blüten- und Pflanzenteile sind hellrosa, beige und braun, hellgelb, silbergrün, graugrün, blaugrün und dunkelgrün. Die Vase ist in Beige und Grau gehalten. Sie zeigt ein wenig Taubenblau und Altrosa.
Aussage: Das Gebinde ist von großer Formenvielfalt, ohne dekorative Blumenelemente. Dieser Umstand macht es interessant, weil es viel zu entdecken gibt. Man muß schon genau hinschauen, um seine Geheimnisse zu ergründen. Die Ausstrahlung ist noch winterlich still, wobei das beginnende Leben aber deutlich spürbar wird.
Hinweis: Der unter Naturschutz stehende giftige Sumpfporst stammt aus gärtnerischem Anbau.

Mit Bienengesumm

Gestaltung: Dieser Strauß wirkt nicht nur wahrhaftig an diesem freundlichen Märztag, er ist es auch. Er spiegelt den Rundgang

Mit Bienengesumm

Goldglöckchen, *Forsythia × intermedia*

Hasel, *Corylus*

Kälberkropf, *Chaerophyllum temulum*

Pflaume, *Prunus*

Rainfarn, *Tanacetum vulgare*

Reitgras, *Calamagrostis*

Rotbuche, *Fagus sylvatica*

Rotes Straußgras, *Agrostis tenuis*

Schwarz-Erle, *Alnus glutinosa*

Weide, *Salix*

durch einen erwachenden Frühlingsgarten wider. Fast hört man die Bienen summen, die eifrig bemüht sind, den Haselpollen aufzunehmen. Hauptsächlich aus Strauchwerk besteht dieser Strauß und erhält seine Spannung durch die Gegensätzlichkeit, die durch Abgestorbenes und aufspringende Blütenknospen gebildet wird. Farblich erleben wir einen Verlauf der Brauntöne, die durch hellgelbe, hellgrüne und weiße Punkte Lichter aufgesetzt bekommen.
Technik: Der Strauß wurde in der Hand gebunden, wobei die etwas einseitig aber tiefliegenden Gräser als Büschel im Anfangsstadium des Gebindes an die Haselzweige gelegt wurden. Danach folgte der Kälberkropf. Schließlich wurden die anderen Zweige unter Drehung des Straußes leicht schräg angelegt. Nun steht er ungebunden, gehalten durch den Vasenrand, im Gefäß.
Farben: Beige, Weiß, Hellgelb, Hellgrün und diverse Brauntöne. Die Vase ist beigebraun.
Aussage: Sträuße dieser Art sind unverwechselbare erste Frühlingsboten. In dieser schlichten Aufmachung spüren wir gut noch rauhes Wetter mit lieblichen Glockenklängen erster Frühlingstöne.
Hinweis: Zweige mit sprießenden Knospen gehören zu den spannungsvollsten und schönsten Bausteinen der Floristik, weil sie viel Wuchsbewegungen zeigen und ein Teilnehmen am Wiedererwachen der Natur ermöglichen.

Begegnung mit Lachenalien

Gestaltung: Groß ist immer die Freude, Blumen in die Hand zu bekommen, mit denen man noch nie gearbeitet hat. So hatten wir das Vergnügen, Lachenalien als Gäste und Frühlingsboten in Gestaltung bringen zu dürfen. Es entstanden ganz reizende, kleine, warm anklingende Sträußchen. Einmal ganz Lachenalie und dann wieder in Kombinationen. Hier in diesem Gebinde wurden sie mit Bellis kombiniert, die nach Korbblütlerart den Blick auf sich ziehen. Nun, das macht der Lachenalie nicht soviel aus. Sie spielt locker über die Maßliebchen hinweg und ergänzt sich im Farbspiel mit den kleinen Zweigen und Gräsern. Die kompakte Grundform dieses Sträußchens wird durch heraustretende Elemente aufgebrochen.
Technik: Die Stengel wurden nach üblicher Straußbindeart ineinandergelegt. Die großflächigen Formen bilden den Abschluß der Gestaltung.
Farben: Die Pflanzen sind weinrot, hellgrün, gelbgrün, dunkelgrün, rehbraun, mittelbraun und rotbraun. Das Gefäß trägt eine schilfgrüne Glasur auf hellem Ton.

Begegnung mit Lachenalien

Birke, *Betula*

Lachenalia

Lavendelheide, *Andromeda polifolia*

Mahonie, *Mahonia*

Maßliebchen, *Bellis*

Rotes Straußgras, *Agrostis tenuis*

Wachsblume, *Chamelaucium uncinatum*

Aussage: Der muntere kleine Strauß erzählt von ersten Frühlingstagen, von warmer Märzsonne, die die kalte Erde zu neuem Leben erweckt.
Hinweis: Kleine Frühlingsblumen sind am schönsten, wenn sie ihre Bescheidenheit bewahren dürfen. Sie bleiben am liebsten unter ihresgleichen und bevorzugen Zweige und Immergrünes aus dem Freiland als Beiwerk.

Gemeiner Hopfen, *Humulus lupulus*

Standort: Diese Schlingpflanze bevorzugt nährstoffreiche, feuchte Gebüsche und Auwälder und ist dabei wärmeliebend.
Pflücktermin: Die langen Ranken mit ihren Samenständen kann man ab September

schneiden. Die abgestorbenen, braunen Ranken bieten sich den ganzen Winter hindurch zur Ernte an.
Verwendung: In frischem Zustand wird man wegen der kurzen Haltbarkeit nur Teilstücke einer Ranke einarbeiten können oder einzelne Blütenstände verwenden. Verwendung findet der Hopfen in rustikalen Gebinden, aber auch in eleganten sowie in klassisch üppigem Gestaltungsstil. Ganze Hopfenranken kann man auch zur stilvollen, feierlichen Umkränzung verwenden. Man hängt sie frisch auf und nimmt ihr langsames Eintrocknen in Kauf. Winterlich braune Hopfenranken, ohne Blätter und Samenstand, lassen sich mit anderem trockenen Pflanzengewirk zu Kränzen verschlingen. Ein Hopfenrankenknäuel in einer Glasschale mit ein wenig Wasser ist eine phantasievolle Steckhilfe, denn in diesen Halter lassen sich nun Frühlingsblumen einstellen. Dem Einfallsreichtum mit Ranken sind keine Grenzen gesetzt. Sie können Sträuße umschlingen, durchschlingen, können hinauf- oder herabfließen, jede weiche Bewegung ist ihnen recht. Abgeknickt bekommen sie einen neuen Ausdruck.
Haltbarkeit: Ganze, grüne Ranken kann man im Herbst ein bis zwei Tage frischhalten, indem man sie angefeuchtet in einen Plastiksack legt und kühlstellt. Rankenteile mit ein bis zwei Samenständen halten den Stoffwechselhaushalt mehrere Tage aufrecht, wenn man die Verdunstungsfläche reduziert, also Blattwerk entfernt. Beim Einarbeiten achte man darauf, das richtige Ende der Ranke ins Wasser zu stellen. Gegen die Wuchsrichtung vermag die Pflanze kein Wasser aufzusaugen.
Konservierung: Man trocknet die Ranke im frühen Reifestadium. Vollreif geerntet, zerfällt der Fruchtstand beim Trockenvorgang.

Im feuchten Herbst werden bereits getrocknete Ranken leicht schimmelig. Eine bessere Methode, Hopfenfruchtstände zu präparieren, bietet Glyzerin. Dazu werden frischgeschnittene Rankenteile mit einer Glyzerin-Wasserlösung präpariert. Ein Teil Glyzerin mit zwei Teilen Wasser vermischt, werden erhitzt. In die nur noch lauwarme Flüssigkeit werden die Stielenden der Pflanzenteile eingestellt, und vierzehn Tage an einem hellen, aber nicht zu warmen Ort stehengelassen. Solange braucht die Pflanze, um ausreichend Glyzerin aufzunehmen.
Bemerkung: Im Gegensatz zur Waldrebe, dem Baumwürger und dem Jelängerjelieber sterben die Ranken des Hopfens nach der Vegetationsperiode ab. Im Winter kann man also bedenkenlos an ihm herumschneiden.

Im Hopfengeschlinge

Gestaltung: Ein Knäuel Ranken ist immer wieder eine gute Grundlage, um Phantasie zu entfalten, denn es bringt bereits eine Menge davon mit. Man braucht die Ranken nur noch in Zusammenhänge zu bringen. Es wird ein wenig gezogen und fixiert und eventuell anderes Gezweig mit eingeflochten, wie es hier mit der Zierquitte geschehen ist. Eine passende Schale mit überstehendem Innenrand bietet dem wasserbedürftigen Blütenzweig Widerpart, er wurde hineingeklemmt. Aus der nestförmigen Mitte des Arrangements trauen sich Frühlingsblüten hervor und erste Ranken der Gundelrebe gehen ihren Weg. Man kann die Gestaltung als linear abstrakt bezeichnen.

Im Hopfengeschlinge

Anemone blanda

Gundelrebe, *Glechoma*

Hopfen, *Humulus lupulus*

Narzisse 'Roseworthy'

Zierquitte, *Choenomeles*

Zitronengeranie, *Geranium macrorrhizum*

Technik: Hopfenranke und Blütenzweig wurden zu einem lockeren Kranz verwunden und durch Spannung im Gefäß fixiert. Die Narzissen und die Anemonen stehen zum Teil auf einem Steckigel, während die Gundelrebe Halt in den Ranken findet.
Farben: Die Pflanzen sind beigebraun, cremeweiß, rosaweiß, apricot, hellgrün, graugrün. Das Gefäß ist rotbraun.

Aussage: Neues, noch sehr zartes Leben, sprießt aus den braunen Hüllen des Winters hervor.
Bemerkung: Im Umgang mit Ranken besteht immer die Gefahr des Chaos. Auch Ranken wollen geordnet und gestaltet werden. Doch Vorsicht ist geboten, denn zuviel Eingriff und Ordnungssinn kann gewachsene Schönheit zerstören.

Schnittblumen im Winter

Blütenzweige, zum Teil vorgetrieben

Alpenrose, *Rhododendron*
Apfel, *Malus sylvestris*
Birne, *Pyrus communis*
Brautspiere, *Spiraea arguta*
Duft-Schneeball, *Viburnum carlesii*
Erle, *Alnus*
Flieder, *Syringa*
Gefüllter Schneeball, *Viburnum opulus*
Ginster, *Cytisus*
Goldglöckchen, *Forsythia*
Hasel, *Corylus*
Kamelie, *Camellia*
Kastanie, *Castanea*
Kirsche, *Prunus*
Kornelkirsche, *Cornus mas*
Pflaume, *Prunus*
Scheinhasel, *Corylopsis*
Schlehe, *Prunus spinosa*
Schneeheide, *Erica carnea*
Weidenkätzchen, *Salix*
Winterjasmin, *Jasminum nudiflorum*
Winterschneeball, *Viburnum tinus*
Zaubernuß, *Hamamelis*
Zierquitte, *Choenomeles*

Zwiebelgewächse

Amaryllis (keine roten), *Hippeastrum*
Blausternchen, *Scilla sibirica*
Calla, *Zantedeschia*
Chincherichee, *Ornithogalum thyrsoides*
Eucharis grandiflora
Freesien
Gartenkrokus, *Crocus vernus*
Hyazinthe, *Hyacinthus orientalis*
Märzbecher, *Leucojum vernum*
Milchstern, *Ornithogalum arabicum*
Narzissen, diverse Sorten
Nerine bowdenii
Perlhyazinthe, *Muscari armeniacum*
Schneeglöckchen, *Galanthus nivalis*
Tulpen, diverse Sorten

Standard und Stauden

Anemone (keine roten), *Anemone fulgens*
Cymbidium
Dendrobium
Flamingoblume, *Anthurium*
Gerbera (weiß, crème, pink, rosa)
Inkalilie (pastellfarben), *Alstroemeria*
Mimosen, *Acacia dealbata*
Nelken (lila, pink, hellgelb), *Dianthus*
Nießwurz, *Helleborus orientalis*
Phalaenopsis
Ranunkel, *Ranunculus asiaticus*
Rose (gedeckte Farben), *Rosa*
Schneerose, *Helleborus niger*
Stinkende Nießwurz, *Helleborus foetidus*

Importe

Banane, *Musa paradisiaca*
Banksia, diverse Arten
Berzelia, diverse Arten
Brunia, diverse Arten
Erica, diverse Arten
Heliconia caribea
Ingwer, *Zingiber*
Leucadendron, diverse Arten
Phylica, diverse Arten
Protea, diverse Arten

Beiwerk im Winter

Trockene Pflanzenteile

Feinhalmmiscanthus, *Miscanthus sinensis* 'Gracillimus'
Gemeiner Windenknöterich, *Fallopia convolvulus*
Geschlängelte Schmiele, *Deschampsia flexuosa*
Hopfen, *Humulus lupulus*
Hortensie, *Hydrangea,*
Johanniskraut, *Hypericum perforatum*
Klettenlabkraut, *Galium apparine*
Kornrade, *Agrostemma githago*
Rainfarn, *Tanacetum vulgare*
Rainkohl, *Lapsana communis*
Rasenschmiele, *Deschampsia cespitosa*
Reitgras, *Calamagrostis*
Rotes Straußgras, *Agrostis tenuis*
Silberling, *Lunaria*
Taumel-Kälberkropf, *Chaerophyllum temulum*
Wegerauke, *Sisymbrium officinale*
Weidenröschen-Arten, *Epilobium*
Wilde Möhre, *Daucus carota*
Windhalm, *Apera spica-venti*
Wucherknöterich, *Reynoutria sachalinensis*

Zweige

Besenginster, *Cytisus scoparius*
Birke, *Betula*
Erle, *Alnus*
Hainbuche, *Carpinus betulus*
Hartriegel, *Cornus*
Hasel, *Corylus avellana*
Porst, *Ledum*
Rotbuche, *Fagus sylvatica*
Weiden-Arten, *Salix*

Immergrünes Gehölz

Bronceblatt, *Galax*
Buchsbaum, *Buxus sempervirens*
Efeu, *Hedera helix*
Immergrün, *Vinca minor*
Kirschlorbeer, *Prunus laurocerasus*
Kriechspindel, *Euonymus*
Lavendelheide, *Pieris japonica*
Mahonie, *Mahonia*
Rhododendron
Wacholder, *Juniperus*
Weymouthskiefer, *Pinus strobus*
Zypresse, *Chamaecyparis*

Importe und Treibhausgewächse

Bärgras, *Xerophyllum*
Berzelia, *Dodonaea*
Eucalyptus-Arten, *Eucalyptus*
Farn, *Pteris tremula*
Flamingoblume, *Anthurium*-Andreanum-Hybriden
Grevillea robusta, G. aspleruifolia
Klebsame, *Pittosporum*
Leucadendron platyspermum
Marante, *Calathea*
Stoebe plumosa

Frühling

Werbegesänge und Bienengesumm – Frühlingsstimmung

Am 20. oder 21. März ist Frühlingsanfang. Doch der März kann noch sehr winterliche Züge tragen. Manches Mal erleben wir noch ein mächtiges Aufbäumen des Winters mit Eis und Schnee und eisigen Ostwinden. Andererseits wundert man sich auch nicht, wenn der März schon Temperaturen von 20 Grad beschert.

Äcker und Gärten werden bestellt und die fröhlich bunte Welt der Zwiebelgewächse beginnt allerorts zu sprießen. Auch die Knospen der Bäume können nun nicht mehr an sich halten, denn ein warmer Frühlingsregen hat sie aufgeweicht. Man entdeckt die ersten Blüten von Pflaumen, Forsythien und Scheinhasel, ihnen folgen Schwarzdorn und Kirschen, Ahorn, Felsenbirne und Traubenkirsche. Feuchte Wiesen und Laubwälder werden von einem entzückenden Blütenflor durchzogen. Leberblümchen, Schlüsselblumen, Scharbockskraut, Sauerklee, Lerchensporn, Haselwurz und Buschwindröschen bilden Teppiche mit wundervollen Mustern. Morgens und abends vernimmt man die werbenden Singstimmen der Drosselvögel, während Buchfinken den ganzen Tag über kräftig schlagen.

Frisches, junges Gras treibt durch den Filz des Vorjahres. Überall keimt und wächst es mächtig, so daß die nackten, braunen Blößen der Erde bald einen heilenden Mantel tragen werden.

Die Stimmung ist in jedem Fall zuversichtlich, denn der Winter, die dunkle Zeit, ist überstanden, auch wenn noch einmal Schnee liegt oder der Sturm mit den Dachpfannen spielt. Lange kann es nicht mehr dauern.

Allgemeine Geschäftigkeit macht sich breit. In der ersten Aprilwoche beginnen die Düfte der Baumharze sich zu entfalten. Abends riecht es nach Erde und am nächsten Morgen hat sich mildes Wetter durchgesetzt. Dann ist es der Zilp-Zelp, der mit seinem Gesang die Gartenwelt in Schwingung bringt und damit das Sommerhalbjahr einläutet. Unermüdlich wird er den Rhythmus halten, mit seinem Zilpzelp, Zilpzelp, Zilpzelp, Zilpzelp. Die Obstbaumblüte schreitet voran und fesselt die Sinne besonders in den Morgenstunden, wenn die Sonne beginnt, den Dunstschleier zu lösen. Vogelgesang und Bienengesumm erfüllen die jungfräuliche, märchenhafte Welt mit Zauber und Geheimnis.

Nicht nur Tulpen und Narzissen – Das Blumenangebot im Frühling

Natürlich stehen Tulpen und Narzissen im Mittelpunkt des Frühlingsblumenangebotes und sie bieten viele Möglichkeiten, wenn man die Sortenangebote jeder Art berücksichtigt. Im Tulpensortiment bieten sich die botanischen Tulpen für vegetative Gestecke an. Gefüllte Tulpen lassen sich am ehesten für rundgebundene, kurze, füllige Sträuße verwenden, während spitzblütige Tulpen und Papageientulpen unbedingt ihre Eleganz am langen Stiel entfalten müssen. Auch Narzissen gibt es in großer Formenvielfalt und differenziertem Farbspiel. Die kleinblütigen

Tazetten sind von der Ausstrahlung am ursprünglichsten, dagegen sind gelbweiße und apricotweiße Sorten sehr lieblich. Als besonders österlich werden die reingelben Narzissen, auch Osterglocken genannt, und gelbe Sorten mit orangefarbenem Auge empfunden. Insgesamt sind Narzissen leichter mit Wildkraut und Gräsern zu kombinieren als Tulpen. Einen ganz wesentlichen Platz neben Tulpen und Narzissen nehmen blühende Zweige im Frühlingssortiment ein. Erfreulicherweise nimmt das Angebot auf dem Großmarkt diesbezüglich zu. Es gibt Erlen, Weidenkätzchen, Forsythien, Zierquitten, duftende Spiraeazweige, Zierjohannisbeere, Felsenbirne, Zierapfelzweige, Pflaumen-, Pfirsich-, Mandel-, Kirsch- und Magnolienzweige. Schneeball-, Rhododendron- und Azaleenblüten. Dabei sind Sträuße, die nur aus Blütenzweigen bestehen, gefühlvoll untermalt mit frischen oder trockenen Gräsern, von besonderem Reiz. Sie demonstrieren Frühling in Reinkultur, unverwechselbar und schwer reproduzierbar in einer anderen Jahreszeit. Nun bieten sich dem Floristen unendlich viele Variationen mit Blütenzweigen und diversen Tulpen- und Narzissensorten an. Hinzu kommen Hyazinthen, Frühlings-Iris, Muscari, Krokus, Bellis, Goldlack und Vergißmeinnicht, Doronicum, Arabis und Primelsorten. Wenn man Glück hat, bekommt man Kaiserkrone, *(Fritillaria imperialis)* Schachbrettblume *(F. meleagris)* und die große Schwester, *Fritillaria persica*, auf den Tisch. Diesen beiden zuletztgenannten dezentfarbenen, urwüchsigen Schönheiten kann man nur mit Gräsern begegnen, wenn man sie überhaupt mit Beiwerk kombinieren will, denn bevor ich ihnen ein Treibhausgewächs wie Farn oder ähnliches zumute, stelle ich sie lieber unbegleitet in die Vase.

Von großer Lieblichkeit sind im Frühling die Gebinde und Schalenfüllungen aus kleinen Blütchen, wie Scilla, Bellis, Muscari, Aurikel, Veilchen, Stiefmütterchen, Arabis, Buschwindröschen, Lerchensporn und Schlüsselblume. Auch sie sind unverwechselbar frühlingshaft und sollten nicht automatisch mit Eleganznelken, Rosen oder Freesien kombiniert werden, nur weil sie auch kleine Blüten haben. Ergänzen kann man das Blumensortiment mit mediterranen Frühlingsblumen, obwohl sie bei uns schon die Sommergefühle ansprechen. Dazu gehören Mohn, Margeriten, Freesien, Anemonen, Ranunkeln und Mimosen. Wachsblumen in Weiß- und Lilatönen haben sich einen Platz im Sortiment erobert. Sie sind schön und sehr haltbar. Man muß nur aufpassen, daß sie nicht wie das Schleierkraut zu allen Gelegenheiten beigemengt werden. Je mehr wir uns dem Sommer nähern, werden Gerbera, Lilien, Rosen und Nelken wahrhaftiger in ihrer Ausstrahlung, weil sie besser in unsere von der Natur vorgegebene Gefühlslage passen. Man nimmt sie aus ihrer Rolle, das ganze Jahr hindurch gleichbleibend präsent zu sein und damit langweilig zu werden, heraus, indem man zeitweilig auf sie verzichtet. Zumindest kann man durch eine farbliche Beschränkung eine Abgrenzung zu einzelnen Jahreszeiten finden und das Sortiment klein halten. Natürlich wird eine rote Rose niemals durch ein Schneeglöckchen zu ersetzen sein, aber ich erlebe in zunehmendem Maße Menschen, die einen liebevoll gebundenen Strauß der Jahreszeit mit seinen vielen Reizen dem klassischen Rosenstrauß zum Hochzeitstag vorziehen.
Sogar Pflanzungen, die zu anderen Jahreszeiten eher unpersönlich wirken, können im Frühling von großen Liebreiz und Zauber sein, wenn man kleinblumiges arrangiert.

Schnittblumen im Frühling Seite 100

Es grünt so grün ...
Das Beiwerk im Frühling

Pflanzenlisten
Beiwerk Seite 101

Zweige, Zweige, Zweige. Im Frühling haben die Zweige ihren großen Auftritt. Es gibt sie in großer Vielfalt, mit und ohne Blüten, und sie übernehmen im Gebinde eine dominierende Rolle oder sogar den Solopart, so daß sie über die Funktion des Beiwerkes hinauswachsen. Eher werden einzelne Blüten einer Kombination aus Zweigen beigeordnet.

Zweige sind in ihrem Ausdruck mannigfaltig. Sehr grazile bis liebliche Züge tragen Birkenzweige, Spiraea, Mandelblüte, Symphoricarpos, Felsenbirne und Scheinhasel in sich. Kräftiger im Ausdruck sind Zierapfel, Hainbuche, Forsythie, Sauerkirsche, Haselinde, Eberesche und Ahorn. Rustikal und knorrig wirken Eiche, Kastanie, Pappel, Süßkirsche und Erle. Eleganz bringen Rotbuche, Magnolie, Goldweide ins Gebinde. Neben dem großen Angebot an Zweigen hat der Frühling in seinen ersten Atemzügen auch schon einige Wildpflanzen zum Gestalten anzubieten. Neben Moosen mit ihrem satten Grün, die es bei offenem Wetter den ganzen Winter hindurch gibt, bieten sich für vegetative Gestaltungen kleine Blütenpflanzen und sprießende Grasbüschel an. Daraus lassen sich reine Pflanzungen oder Kombinationen aus Pflanzung und Gesteck herstellen.

Anhaltend warme Temperaturen lassen das Grün explosionsartig sprießen, so daß es sich zum Pflücken anbietet. Die Blätter großwüchsiger Gräser, Taubnesseln, Bingelkraut, Wiesenkerbel, Geum, Knoblauchsrauke, Giersch und Hirtentäschel können innerhalb einer Woche kräftig zulegen. Aber Vorsicht ist geboten. Dieses junge Grün ist noch sehr empfindlich. Vieles kann man nur

Rechte Seite: Frühlingsgrüße aus Nizza

Birke, *Betula*

Hainrispengras, *Poa nemoralis*

Kälberkropf, *Chaerophyllum temulum*

Mäusedorn, *Ruscus hypophyllum*

Mimose, *Acacia*

Rainkohl, *Lapsana communis*

Reitgras, *Calamagrostis*

Segge aus dem Gewächshaus, *Carex*

Taube Trespe, *Bromus sterilis*

Weidenröschen, *Epilobium*

Farn, *Pteris tremula*

Islandmohn, *Papaver nudicaule*

Rasenschmiele, *Deschampsia cespitosa*

im mittleren Bereich rundgebundener Sträuße verwenden, niemals aber als Manschette im Außenbereich, wo es am Vasenrand gedrückt wird oder durch die Bastbindung geschnürt. Besser stellt man es tief und locker in weithalsige Vasen oder Schalen ein und setzt Tupfer kleiner Frühlingsblüher hinzu.

Erst nach zwei bis drei Wochen, wenn das Kraut mehr Zellulose aufgebaut hat, wird es stabiler und kann exponierter verwendet werden. Man bevorzugt immer Pflanzen von einem sonnigen Standort. Sie sind abgehärteter und stabiler.

Noch können wir auf Immergrünes in der Binderei nicht verzichten, wobei wir es mehr und mehr als Funktion denn als dekoratives Element verstehen. Wacholder- und Zypressenarten, eher gelbgrüne als blaugrüne, wirken im Hintergrund als Füller und Stütze für zarte Frühlingspflänzchen und Blätter. Mahonie und Kirschlorbeer, Buchsbaum und Lavendelheide verlieren erst ab Mitte Mai an Bedeutung. Im Treibhaus gewachsenes Bindegrün und Importware werden unattraktiver. Eucalyptus mit seinem Blaugrün geht sehr in den Hintergrund. Hellgrüne, frühlingshaft wirkende Pflanzenteile haben Hochkonjunktur. Große dunkelgrüne Blätter wirken zu ernst und winterlich. Bergenien-, Maranten- und Funkienblätter sind brauchbar. Man mag es leicht und verspielt, dem Blumenangebot entsprechend. Bärengras, Treefarn, hellgrünen Farn und Mahonien mit Blüten kann man gut mit Zweigen und Zwiebelgewächsen kombinieren.

Der frühe Frühling ist auch eine gute Zeit, um gelb-grün und grün-weiß panaschierte immergrüne Blätter zu verwenden. Efeu- und Euonymus-Arten sowie Aralien-Dracaena- und Scindapsus-Blätter bieten sich an.

Der Frühling bahnt sich seinen Weg – Natur und Gestaltung

Frühlingsgrüße aus Nizza

Gestaltung: Die Blüten kommen aus Italien, das Beiwerk ist deutsch und die transportierte Stimmung ist frühlingshaft, obwohl man, wenn man ins Detail geht, Pflanzen des Sommers unserer Region vorfindet. Es ist die Farbgebung, die einfach stärker als die Form zum Ausdruck kommt. Unser Frühling offenbart sich größtenteils in hellen und später satten Gelbtönen, begleitet durch das allerorts sprießende helle Blattgrün.

Der Frühling in Italien schließt bereits unsere Frühsommervegetation mit ein. Dieser locker gestufte Strauß versucht insoweit schlüssig zu sein, als die Charaktere der Pflanzen aufeinander abgestimmt sind und die Farben in die nun momentane Erwartungshaltung einfließen.

Technik: Der Strauß wurde in der Hand gebunden. Dabei wurde darauf geachtet, den Mohnblüten genug Raum für die Entfaltung zu lassen. Der Kern des Straußes wurde mit fülligen Pflanzenteilen gestaltet, während Zartes, Filigranes leicht über die Mohnblüten hinausspielt.

Farben: helles Gelb, sattes Gelb, helles Orange, helle Grüntöne, Beige und helles Braun. Die Glasur des Gefäßes ist schilfgrün aufhellend.

Aussage: Die Leichtigkeit erster warmer Frühlingstage mit ihrer Heiterkeit und Zuversicht sprechen aus diesem Strauß, der auch für die Ostertage passend ist.

Bemerkung: Islandmohn gibt es den ganzen Winter hindurch zu kaufen. Wenn man sich

farblich begrenzt und im Januar und Februar nur mit den zarten Crème- und Rosatönen arbeitet, gehört er zu dem möglichen Blumenangebot dieser Jahreszeit.

Eigenwillige Ranunkeln

Gestaltung: Der Frühling schreitet voran und bietet Ende März bereits schöne Blütenzweige aus dem Freiland zur Kombination mit dieser ungewöhnlichen Ranunkel an. Voll Bewunderung hielt ich das handelsübliche Bund mit fünfzig Stück dieser Ranunkeln in der Hand. Jede war anders. Sie spielten in Form und Farbe, inspirierten mich gewaltig und machten mir schließlich die Auswahl für mein Gebinde schwer, weil die eine schöner als die andere war. Es gab einiges Hin und Her bis die Entscheidung fiel. Weniger ist mehr, nach dieser Devise wurden die sieben Auserwählten mit Gräsern, Zweigen und Blättern umgeben. Obwohl die Zweige eine eigenwillige Position haben, fast einen wie beschützend wirkenden Raum bilden, in dem die Ranunkeln stehen, ist diese Gestaltung ein gebundener Strauß. Trotz der vielen feinen Gräser behält er seine klaren graphischen Züge.
Technik: Die Anordnung der Zweige in diesem Arrangement ließe den Schluß zu, daß Steckmasse zur Hilfe genommen wurde. Tatsächlich sind die Zweige sehr eigenwillig gewachsen. Ältere Büsche der Kornelkirsche weisen besonders in halbschattiger Lage extreme Wuchsformen auf, die dem Floristen willkommen sind, wie man sieht.
Farben: Die Pflanzen sind crèmegelb, hellgelb und sattgelb, orange, weinrot, lachsfarben, hellgrün, mittelgrün, beige und braun. Das Gefäß hat eine braunbeigefarbene Glasur mit violettem Anflug.
Aussage: Eigenwillige, noch herbe Züge des Frühlings kommen zum Ausdruck in vornehmer, ein wenig fremder Art.
Hinweis: Ranunkeln können, wenn sie das Gesicht zum Himmel zeigen, auch für kurzgebundene Sträuße verwendet werden. Ihren lieblichen, tanzenden Charme büßen sie dabei jedoch ein.

Der Osterstrauß

Gestaltung: Die Abbildung zeigt nur eine Hälfte dieses Osterarrangements mit bemaltem Gänseei. Es handelt sich um keinen gebundenen Strauß, sondern um eine lokkere Vasenfüllung.
Ein Gewirk aus Zweigen und Gräsern wird durchdrungen von Tulpen und Narzissen. Einige sattgelbe Ranunkeln und kleine Tupfer blauer Vergißmeinnichtblüten geben Würze. Bei der Rollenverteilung für die Blüten fällt den spitzblütigen Tulpen und kleinblumigen Poetentazetten der Platz im leichter gehaltenen oberen Bereich des Gebindes zu. Im unteren Bereich, gleich über dem Vasenrand, verdichten sich ungleichmäßig die etwas größeren Blüten.
Technik: Der Strauß wurde in der Hand gestaltet und locker ins Gefäß gestellt. Angestrebt wurde eine vollblumige, kegelförmig gruppierte Blütenfülle, aus der verschiedene Gräser und Zweige lang und wildhaft herausspielen. Es wurde darauf geachtet, auch tragfähige Zweige zu verwenden, um Ostereier daran aufhängen zu können.
Farben: Crème, Weiß, Orange, Gelb, Hellblau, Hellgrün, Rotbraun, Beige und Hellbraun. Das Gefäß ist mintgrün.
Aussage: Es ist ein heiterer Osterstrauß mit ein wenig Wildheit und Geheimnis.

Linke Seite
Eigenwillige Ranunkeln

Bergenie, *Bergenia*-Hybride
Kornelkirsche, *Cornus mas*
Jelängerjelieber, *Lonicera caprifolium*
Rainkohl, *Lapsana communis*
Ranunkel, *Ranunculus asiaticus*
Rotes Straußgras, *Agrostis tenuis*
Zierquitte, *Choenomeles japonica*

Der Osterstrauß

Brautspiere, *Spiraea arguta*

Feinhalmmiscanthus, *Miscanthus sinensis* 'Gracillimus'

Felsenbirne, *Amelanchier ovalis*

Gelber und Roter Hartriegel, *Cornus alba*

Ranunculus asiaticus

Rotes Straußgras *Agrostis tenuis*

Segge, *Carex*

Süßkirsche, *Prunus avium*

Tazetten und Dichternarzissen, *Narcissus*

Traubenkirsche, *Prunus padus*

Tulpen

Vergißmeinnicht, *Myosotis palustris*

Wachsblume, *Chamelaucium uncinatum*

Hinweis: Stersträuße können mannigfaltiger Natur sein. Schön sind sie in jedem Fall, wenn man mit Blumen der Jahreszeit arbeitet und eine farbliche Dominanz im hellen Bereich des Farbkreises anstrebt. Als Beiwerk empfehlen sich Zweige, möglichst auch mit Blüten und Blattwerk in hellgrünen Tönen. Tropisches Blattwerk wäre falsch. Schön sind kleine Pflanzen mit Zwiebelgewächsen und frischen Grasbüscheln.

Moos

Moose sind wundervolle Pflanzen. Ihr sattes, saftiges Grün und ihre flauschige Oberfläche verleiten dazu, sanft mit der Hand drüberwegzustreichen wie über das Fell einer Katze.

Standort: Das in runden Polstern vorkommende Weißmoos, *Leucobryum glaucum* findet man in Laub- und Nadelwäldern und auf leicht saueren und sandigen Böden. *Brachythecium* überwächst Holz, Gestein und Erde. Sein Vorkommen ist sehr häufig, wie auch das der Sternmoose. *Polytrichum formosum* wächst auf schwach saueren Böden in Gärten unter Bäumen und Gebüschen. Das goldene Frauenhaar, *Polytrichum commune* mag es feuchter. Bruchwälder sind sein bevorzugter Standort. Es liebt sauere Böden. Richtig im Wasser wachsen die Sumpfmoose, *Sphagnum*.

Erntetermin: Moose kann man das ganze Jahr hindurch finden und sammeln.

Verwendung: Mit Moosen, die auf Erde gewachsen sind, werden in Pflanzungen Flächen gestaltet. Moose von feuchten Standorten kann man auch als Gestaltungselement in vegetativen Gestecken einsetzen. Nur das langfaserige *Sphagnum* eignet sich mit Hilfe von Bast, Band oder Draht zum

Knäuel gewickelt, als Steckhilfe, in das die Blütenstengel hineingesteckt werden können. Wegen seiner Saugwirkung läßt es sich auch gut als Wasserleitung für zu kurz geratene Stiele in Sträußen verwenden, aber natürlich nur als Notbehelf zur Überbrükkung einiger Stunden.

Haltbarkeit: Moose behalten oft wochenlang ein gutes Aussehen, bevor sie anfangen, abzusterben. *Sphagnum* hält sich im Wasser längere Zeit frisch. Die anderen Moose werden dann faulig und schimmelig.

Konservierung: Moos läßt sich leicht trocknen.

Bemerkung: Trocken gewordenes Moos läßt sich durch kurzes Einweichen in Wasser meistens regenerieren.

Duftende Märzveilchen

Hasel,
Corylus avellana

Märzveilchen,
Viola ordorata

Moos, Blätter und Gras

Duftende Märzveilchen

Gestaltung: Eine Veilchenpflanze im Plastiktopf, das ist die handelsübliche Form, kann ihre Reize, ihren unverwechselbaren Charme ohne ein Minimum an gedeihlicher Nachbarschaft gar nicht entfalten. Doch diese ist schnell hinzugepflanzt. Vermooste Grasbüschel, grünbemooste Birkenrinde, ein paar trockene Blätter und ein Ast vom Haselstrauch gesellen sich zum Veilchen in einer flachen Keramikschale. So ähnlich wachsen sie wild am Knick und verleiten dazu, tiefe Verbeugungen zu machen, um ein wenig von dem Duft dieser Frühlingskostbarkeit zu erhaschen.
Technik: Das Arrangement wurde bis auf den Zweig gepflanzt. Er steckt in einem Reagenzgläschen, das mit Hilfe von zwei Steinen neben dem Wurzelballen des Veilchens festgeklemmt wurde.
Farben: helles, mittleres Grün und Violett sowie Brauntöne. Das Gefäß ist rotbraun.
Aussage: Natürlich, voll bescheidenem Liebreiz und Anmut sind Veilchen, dabei von Wuchs sehr klein und dennoch voller Größe in ihrem Wesen. Es findet sich keine Blüte, die man dem Veilchen zuordnen wollte. In der Blumensprache erzählen Veilchen von inniger Liebe und Verehrung.
Hinweis: Pflanzungen dieser Art sind besonders schön zum Frühlingsanfang.

Gräser im Frühling

Standorte: Der Frühling beginnt und allerorts fangen die Gräser an zu sprießen. Schon nach wenigen warmen Tagen haben großwüchsige Arten lange Triebe gebildet, die sich pflücken lassen. Es würde zu weit führen und auch nicht weiterhelfen, die ganzen Arten aufzuzählen, Gras wächst überall. Man muß nur die Augen aufmachen und es schneiden. Erste Grasblüten bietet das Wiesen-Lieschgras an. Seine Ährenrispe sieht aus wie kleine Rohrkolben. Im lichten Laubwald treffen wir das Einblütige Perlgras blühend an und am Teichrand zeigt die Steife Segge ihren eleganten schwarzen Stand.
Pflücktermin: Gräser kann man schneiden, sobald sie eine ausreichende Länge haben.
Verwendung: Der Verwendungszweck von Gräsern ist vielfältig. Breitblättrige Gräser, aufrecht im Wuchs, sind von rustikalem Ausdruck und im Basisbereich gestufter Sträuße einsetzbar. Gut sind sie auch für vegetative Gestecke. Schmalblättrige Arten haben meist einen weicheren Wuchs und lassen sich für strahlenförmige Umrandungen von kurzgebundenen Sträußen einsetzen. Grasblüten mit aufrechtem Habitus sollten auch im Gebinde eine aufrechte Rolle zugewiesen bekommen. Zumindest dann, wenn ein wildhafter Charakter angestrebt wird. Die Steife Segge ist ein elegantes Gras, das einzeln in graphisch gehaltenen Arrangements seine Anwendung findet. In Ermangelung von sommerlichen Grasblüten kombiniere ich erste frische Grasblätter und Bärgras mit getrockneten grünen Grasblüten des Vorjahres in ersten sommerlich romantisch anklingenden Sträußen. Nicht vergessen darf man im frühen Frühling die Möglichkeit, Graspflanzen mit Wurzeln zu verwenden. Besonders österliche Pflanzungen mit Zwiebelgewächsen erhalten die nötige Würze durch diese frischen Triebe. Graspflanzen kann man auch für vegetative Gestecke in flachen Schalen verwenden, wenn man die Erde aus den Wurzeln herauswäscht.
Haltbarkeit: In der Regel sind Gräser unkompliziert und gut haltbar. Besonders

bei jungen Blättern sollte man darauf achten, die Stiele nicht abzuschnüren. Harte Gräser neigen weniger zum Schlappwerden als weiche. Auch Gras aus Schattenlagen ist meistens anfälliger und muß sorgsam, wie eine Blume, angeschnitten und behandelt werden.
Konservierung: Grasblätter und -blüten fast jeder Art sind gut zu trocknen und vielseitig verwendbar. Es gibt mehrere Methoden mit unterschiedlichen Ergebnissen. Grasblätter werden liegend, in dünnen Schichten im Freien oder auf dem Trockenboden getrocknet. Das macht am wenigsten Arbeit. Aufwendiger ist es, sie zu bündeln und auf der Leine hängend zu trocknen. Grasblüten mit festen Halmen und breitgefächerten Rispen behalten ihre Form am besten, wenn man sie stehend, angelehnt an eine Wand trocknet. Grasblüten jeder Art behalten ihre natürliche Wuchsform und Schönheit, wenn man sie in einem Gefäß mit wenig Wasser langsam eintrocknen läßt. Das schnellste Verfahren mit gutem Ergebnis ist auch hier das Trocknen im Liegen in dünnen Lagen. Grasblüten mit Pollenbehang sind anfällig für Schimmelbildung, wenn sie nicht trocken genug gelagert werden.
Bemerkung: Gräser sind wie der Atem für naturhafte Gebinde. Sie hauchen ihnen Glaubwürdigkeit ein. Gräser sind unerläßlich für romantische Sommersträuße. Ihr filigraner Bau, ihr leichtes Wesen sind wie die Reflexion der Sonnenstrahlen. Gräser steigern die Eleganz erhabener Blüten. Würdevoll aufstrebend bewachen sie die Aura der schönen Blume. Gräser gibt es für unendlich viele Kombinationen in etlichen Arten und mit unterschiedlichen Charakteren. Eine Orientierungshilfe für Kombinationsfragen ist wie immer die Frage nach der Herkunft. Zum Beispiel wird man *Phalaenospis*-Blüten nicht mit Gräsern kombinieren, denn ihre Heimat sind die Baumriesen in tropischen Urwäldern, wo weit und breit kein Gras in Sicht ist.

Krokus im Kräutergarten

Gestaltung: Wie ausgestanzt aus dem Kräuterbeet, sieht diese kleine Frühlingsgeschichte aus. Nur ganz so einfach geht es leider nicht. Man kann Naturausschnitte nur optisch nachempfinden. In diesem flachen Keramikgefäß wurde eine Mischform aus Pflanzung und Gesteck praktiziert. Das Wurzelwerk, Moos und Grasbüschel wurden weitgehend von Erde befreit und ins Wasserbeet gesetzt. Die Krokusse und der Thymian sind abgeschnitten und stehen auf Kenzanen. Die Nessel wurde mit Wurzelwerk eingebaut. Der große, runde Stein bildet den nötigen optischen Schwerpunkt.
Technik: Zuerst wurde der Platz für die beiden Steine festgelegt. Danach wurden die Kenzane am Boden des Gefäßes befestigt, um das Gesteck transportsicher zu machen. Nun konnten Nesseln, Krokus und Thymian wachsen. Die Grasbüschel und das Moos haben einerseits eine stützende Funktion, gleichzeitig überdecken sie die Kenzane und sind ein wesentlicher Gestaltungsfaktor.
Farben: Lila, Graugrün, mittleres Grün, Beige und Grautöne. Das Gefäß hat eine schwarzgrau-taubenblaue Glasur.
Aussage: Es ist ein klarer, wildhafter Naturausschnitt, frei von Sentimentalität. Violett als Frühlingsfarbe zeigt den Umbruch von Winterruhe auf beginnende Vegetationsphase an.
Hinweis: Typisch und unerläßlich für wildhafte Arrangements sind wie zufällig erscheinende Elemente: Steine, trockene

Krokus im Kräutergarten

Geschlängelte Schmiele, *Deschampsia flexuosa*

Goldnessel, *Galeobdolon luteum*

Kälberkropf, *Chaerophyllum*

Krokus

Thymian, *Thymus vulgaris*

Blätter, abgestorbene Pflanzenteile, die den Eindruck vermitteln, als würden sie nicht erst seit gestern an dieser Stelle liegen. Hier ist es der Kälberkropf, der dieser Gestaltung die vorgartenmäßige Ordnung austreibt.

Zauberhafte Schachbrettblumen

Gestaltung: In den letzten Jahren findet die Schachbrettblume vermehrt den Weg in den Handel, natürlich aus gewerblichem Anbau. Sie ist eine der entzückendsten Frühlingsblumen der Sumpfwiesen Nord- und Mitteleuropas. Leider verschwinden Feuchtgebiete in zunehmendem Maße und damit auch diese Art. Ihr Bestand ist stark gefährdet. Man wird sie wildwachsend also nicht abpflükken, sondern ihre Lieblichkeit bestaunen. Bei der Gestaltung mit abgeschnittenen Schachbrettblumen gilt es, die Anmut der Pflanze zu erhalten. Bevor man ihr andere Blumen zustellt oder womöglich fremdartiges Bindegrün beiordnet, stellt man sie lieber solo in ein schlichtes Glas oder ein schönes Gefäß. Die beste Art ist allerdings die im Bild dargestellte, wo die Schachbrettblume ihren natürlichen Habitus zeigen kann in Nachbar-

Zauberhafte Schachbrettblumen

Ehrenpreis, *Veronica*

Grasbüschel

Schachbrettblume, *Fritillaria meleagris*

schaft mit Wildpflanzen und Wasser. Die Fritillarien stehen auf Kenzanen, während die Pflanzenbüschel mit Wurzelballen dazugestellt wurden.

Technik: Die Schachbrettblumen stehen auf Steckigeln, die für den Transport am Boden der Schale befestigt werden sollten. Die anderen Pflanzen stehen mit festen Wurzelballen im Gefäß.

Farben: Crème, Altrosa bis Bordeauxrot, helles Grün, mittleres Grün, graues Grün. Das Gefäß ist türkisfarben.

Aussage: Der kleine Wiesenausschnitt verbreitet Zauber um sich herum. Es wäre nicht verwunderlich, ginge feines elfenhaftes Geläut von diesen Geschöpfen aus.

Hinweis: Unter den eigenwillig aussehenden Fritillarien gibt es einen großen Artenreichtum. Die wohl bekannteste große Verwandte von *F. meleagris* ist die Kaiserkrone, *F. imperialis*.

Mit Malus und Gräsern

Was wären Frühlingssträuße ohne Blütenzweige? Die Palette der Möglichkeiten ist reichhaltig. Man betrachte die große Familie der Rosengewächse, zu denen unter anderem Schlehen, Pflaumen, Kirschen, Äpfel, Birnen und Himbeeren gehören. Allein diese Gehölze in vielen Variationen und Zierformen bieten ab März bis in den Frühsommer hinein reichen Blütenschmuck. Dabei sind Blütenzweige nicht nur unter dem Gesichtspunkt des Beiwerks zu betrachten. Sie sind

vielen anderen Blumen ebenbürtig. Denkt man an Magnolien oder Rhododendron, so hat man in ihnen Formen, die absolut domi nierend sind. Sie lassen sich keiner anderen Blume unterordnen und nur mit Vorsicht kombinieren.

Gestaltung: In diesem grasig wuscheligen Frühlingsstrauß wurde ein rotblühender, rotblättriger Apfelblütenzweig mit Narzissen und Goldlack kombiniert. Da das helle Gras und das warme Weinrot zu sehr nebeneinander stehen, wurden sie durch die gleitenden Grün-, Beige- und Brauntöne der trockenen Pflanzen einerseits optisch getrennt und andererseits einander farblich näher gebracht. Nicht zu übersehen ist das rustikale Gefäß im Farbton der Trockenmaterialien. In ein leichtes Glasgefäß hätte man Narzissen, Goldlack und Zweige pur und locker eingestellt.

Technik: Die Stiele dieses gebundenen Straußes liegen schräg. Blumen und Beiwerk wurden abwechselnd aufgenommen, wobei feine Grasblüten zu mehreren und die großen Blüten des Windhalms einzeln zur Wirkung gebracht wurden. Die Goldrute wurde als sperrendes Element tief eingearbeitet.

Farben: helles Gelb, Graugrün, Weinrot, Rotbraun, gelbliches Grün, Beige und Braun. Das Gefäß ist sandfarben.

Aussage: Es ist ein typischer Aprilstrauß. Heute so – morgen so. Sonnenschein und Hagel zugleich.

Hinweis: Zierapfelzweige und Felsenbirne sind besonders lieblich im Ausdruck, auch im Herbst mit ihrem Fruchtbehang.

Mit Malus und Gräsern

Goldlack, *Cheiranthus*

Goldrute, *Solidago*

Narzisse

Rotes Straußgras, *Agrostis tenuis*

Segge, *Carex*

Weidenröschen, *Epilobium*

Windhalm, *Apera spica-venti*

Zierapfel, *Malus*-Hybride

Buschwindröschen, *Anemone nemorosa*

Standort: Das Buschwindröschen kennt wohl jedermann, denn es fehlt fast in keinem Laub- oder Laubmischwald, der genügend Mull zu bieten hat.
Auch Norddeutschlands Knicklandschaft wird von diesen reizenden kleinen Osterblumen, wie man sie auch nennt, durchzogen.
Verwendung: Wie bei jedem dieser massenhaft vorkommenden kleinen Frühlingsblüher, ist eine Fülle nur von dieser einen Art in großflächiger Gestaltung eine Augenweide. Dabei kann sich das Gefäß unterordnen oder eine Entsprechung zur Pflanze bilden. Kleine Blüten anderer Formen und Farben hinzugestellt, können den schlichten Liebreiz dieses Frühlingsausdrucks sehr verändern. Am dezentesten sind Schlüsselblumen, die natürlichen Nachbarn des Buschwindröschens. Soll das naturhafte Element des Buschwindröschens eingefangen werden, muß man eine Pflanzung anfertigen. Das Gefäß, groß und flach, sollte sich unter ordnen. Wieder geht es darum, möglichst viele Buschwindröschen beieinander zu zeigen, im Verband mit anderer Vegetation seines Umfeldes.
Haltbarkeit: Manch zarte Blume unterschätzt man in ihrer Haltbarkeit als Schnittblume. So auch das Buschwindröschen. Eine Woche lang kann man sich in der Regel an diesen elfenhaften Geschöpfen freuen, wenn man aufpaßt, daß sie tief im Wasser stehen. In Steckmasse werden sie schlapp.
Konservierung: Ein Trocknen des Buschwindröschens ist nicht möglich.
Bemerkung: Neben den weißen Buschwindröschen wächst häufig auch das gelbe Windröschen. Beide Arten kann man bedenkenlos pflücken. Zurückhalten muß man sich jedoch, wenn man auf das sehr seltene Berghähnlein oder das Große Windröschen trifft. Beide sind großblütiger, blühen weiß und sind geschützt.

Buschwindröschen – wie gewachsen

Gestaltung: Dieser Naturausschnitt zeigt Buschwindröschen und Scharbockskraut, Süß- und Sauergras. So ähnlich stehen sie beieinander an Stellen, wo es besonders feucht und morastig ist, so daß man mit einfachen Schuhen beim Ausgraben seine liebe Not bekommt. Es ist eine typische Bruchwaldstimmung, wo umgestürzte Bäume und Geäst vor sich hinmodern. Als Gefäß für diese kleine Pflanzung wurde ein sehr flacher, natürlich wirkender Weidenkorb gewählt, der mit den Pflanzen zu einer Einheit verschmilzt. Glaubhaft werden wildhafte Pflanzungen nur, wenn man es schafft, das ineinander Verwobene der Natur nachzuvollziehen. Junges Grün bahnt sich seinen Weg durch vermodernde Blätter und Pflanzenarten wachsen ineinander.
Technik: Körbe müssen mit einer wasserdichten Folie versehen werden, wenn man sie für Gestecke oder Pflanzungen benutzt, die in Wohnräumen aufgestellt werden sollen. Für das Freiland genügt für Pflanzungen eine Lage Moos, um das Ausschwemmen der Erde beim Gießen zu verhindern.
Beim Ausgraben von Wildpflanzen kommt es darauf an, kleine Stücke auszustanzen mit gerade soviel Mutterboden, wie es für den Erhalt der Pflanze nötig ist. Es ist besser, einen kleinen, festen, durchwurzelten Ballen davonzutragen, als einen großen, der

Buschwindröschen – wie gewachsen

Buschwindröschen, *Anemone nemorosa*

Rispengras, *Poa*

Segge, *Carex*

Scharbockskraut, *Ranunculus ficaria*

schließlich aufgrund des Eigengewichtes zerfällt. Ein Stück von der Größe eines Spatens ist reichlich groß genug. Da ohnehin nur flachwurzelnde Gewächse empfehlenswert sind, wird man mit einer Sohlendicke von 5 bis 10 cm auskommen.
Beim Gestalten mit diesen Puzzlestücken kommt es nicht darauf an, sie genauso zusammenzusetzen, wie sie gewachsen sind. Eher wird man ein neues Muster nach gestalterischen Kriterien anlegen. Lediglich die Stimmung und die Pflanzengemeinschaft werden übernommen. Man fängt beim Gestalten vorzugsweise mit den größten Elementen an und geht dann ins Detail. Geäst und Blätter werden zum Schluß eingefügt.

Farben: Beige- und Brauntöne, helle und graue Grüntöne, Rosaweiß und helles Gelb. Das Gefäß ist beigebraun.

Aussage: Das Bild zeigt den Frühling unsentimental und ungeschönt. Totes und Neugeborenes sind hier untrennbar ineinander verwoben.

Bemerkung: Pflanzungen dieser Art brauchen ein klares Umfeld, um schön aussehen zu können. Tischdecken und Schnickschnack drumherum würden den bescheidenen Naturausschnitt zum häßlichen Entlein werden lassen.

Buschwindröschen – bäuerlich

Aurikel, *Primula auricula*

Buschwindröschen, *Anemone nemorosa*

Giersch, *Aegopodium podagraria*

Hellerkraut, *Thlaspi*

Kaukasusvergißmeinnicht, *Brunnera*

Moschuskraut, *Adoxa*

Perlhyazinthen, *Muscari*

Purpurrote Nessel, *Lamium purpureum*

Wiesenkerbel, *Anthriscus sylvestris*

Buschwindröschen – bäuerlich

Gestaltung: Im Anfangsstadium dieser Gestaltung standen die Buschwindröschen in lockerer Fülle allein in der Schale, anmutig und schön. Nach und nach steckte ich die munteren Gesichter der Bellis, die geselligen Muscari und die Kaukasusvergißmeinnicht mit ihren himmelblauen Augen hinzu. Der Ausdruck veränderte sich, wurde bodenständiger und ein wenig einfältig. Das Bodenständige blieb. Gegen die Langeweile halfen Wildpflanzen in kleinen Prisen, die der Betrachter beim Durchwandern der Blütenfülle mit dem Auge entdecken kann.

Technik: Die Pflanzen wurden ohne Steckhilfe arrangiert. Die Blattmasse der Buschwindröschen fungiert als Gerüst, in das die anderen Blüten einfach hineingesteckt wurden.

Farben: Die Pflanzen sind weiß, bordeauxrot, rosa, gelb, purpur, himmelblau, enzianblau, hell- und mittelgrün. Das Gefäß ist leuchtendblau und weiß.

Aussage: Die Schalenfüllung hat Bauerngartencharakter und wirkt heiter, ohne überschwenglich zu sein.

Hinweis: Diese winzig kleine Blüte des Moschuskrauts verströmt einen ganz spezifischen, schweren Duft.

Hohler Lerchensporn,
Corydalis cava

Standort: Es muß genügend Laubblattfall geben, sonst erfüllen sich die Standortwünsche des Lerchenspornes nach mullreichem Boden nicht. Außerdem ist diese Art sehr wärmeliebend, so daß man sie im bergigen Laubwald nur an Südhängen finden wird.
Pflücktermin: Ab Ende März, je nach Witterungsverlauf, bis in den Mai hinein, wenn sich das Laubdach der Wälder langsam schließt, kann man Lerchensporn pflücken.
Verwendung: Lerchensporn hat eine eigenwillig altmodische Ausstrahlung, die nur im Zusammenhang mit Pflanzen ähnlichen Charakters erhalten werden kann. Auch muß man von jeder Starkfarbigkeit Abstand nehmen, um das merkwürdig gedeckte Purpurviolett, seltener auch Crème dieser eigenwilligen Blüten nicht zu zerstören. Ideale Partner sind Aurikeln in allen Farbschattierungen, Schachbrettblumen, kleinblumige Narzissen, solange sie keine kräftigen Gelbtöne zeigen, und Buschwindröschen. Im antiken Gefäß oder Glas entfaltet der Lerchensporn seine Reize besonders. Denkbar sind aber auch naturhafte Gestaltungen in schlichten Gefäßen.
Haltbarkeit: Lerchensporn gehört zu den Erdrauchgewächsen, die alle eine recht gute Haltbarkeit in der Vase zeigen. Wenn die Stiele angekocht werden sollen, was nicht unbedingt nötig ist, dann nur sehr kurz – etwa zwei bis drei Sekunden.
Konservierung: Von Konservierungsversuchen dieser bei uns seltenen und schönen Blumen habe ich Abstand genommen.
Bemerkung: Diese Pflanze steht nicht auf der Roten Liste, kommt aber hier selten vor. Allerdings, wenn man sie antrifft, dann meistens in größeren Gruppen. Leicht kommt man daher zu dem Trugschluß, ein Massengewächs vor sich zu haben, von dem man reichlich nehmen kann. Ich freue mich, diesen schönen Anblick in meinem Nahbereich genießen zu können und lasse die Finger davon. Sehr häufig anzutreffen dagegen ist ein anderes Mitglied dieser Familie, der Gemeine Erdrauch, *Fumaria officinalis*. Er ist zierlicher im Bau, wirkt fast zerbrechlich und bringt wahren Zauber in altmodische Rosengebinde und unterstreicht die Duftigkeit von Wicken. Eigentlich bringt er Zauber in jede feinsinnig ausgesuchte Kombination dieser Richtung. Er ist den ganzen Sommer hindurch bis Oktober in Blüte.

Dichternarzissen

Gestaltung: Das Frühlingsgebinde zum 1. Mai ist eine Verdichtung momentaner Natureindrücke. Am breiten Knickfuß, im Schatten alter Bäume, gleich neben dem Schlehenbusch sind der Lerchensporn, das Bingelkraut, der Aronstab gewachsen. Fließend ist der Übergang zu einer alten Parkanlage, die durchzogen wird von Teppichen aus Scharbockskraut und Buschwindröschen und großen Tuffs Dichternarzissen. Das Licht- und Schattenspiel läßt Kobolde und Elfen durch das Unterholz huschen. Davon erzählt dieser Strauß, der drei Ebenen hat: Die des aufstrebenden Gebüsches, die der vielen kleinen Wildpflanzen als Bodendecker und dazwischen die Tuffs aus Dichternarzissen.

Technik: Da dieses Gefäß nicht wasserdicht ist, bekam es einen Einsatz in Form einer braunen Keramikkugelvase. Dort hinein wurden Schlehdornäste miteinander verklemmt, daß sie ein Gerüst bildeten, in das die anderen Blüten hineingestellt werden konnten; erst die großen, dann das Blattwerk, zum Schluß die kleinen Blüten.
Farben: Die Blumen sind crèmeweiß, hellgelb, purpurviolett, hellviolett, orangerot, sattgelb, graugrün, hellgrün und schwarzbraun. Das Gefäß hat eine bräunlich graubeige Oberfläche mit einem Hauch von purpur.
Aussage: Es ist ein Frühlingsausdruck voller Poesie und Geheimnis – ein wenig altmodisch, ein wenig wildhaft. In jedem Fall romantisch.
Hinweis: Dieses Arrangement ist nur bedingt transportfähig.

Dichternarzissen

Aronstab, *Arum maculatum*

Aurikel, *Primula auricula*

Bingelkraut, *Mercurialis*

Dichternarzisse, *Narcissus poeticus*

Goldlack, *Cheiranthus*

Hohler Lerchensporn, *Corydalis cava*

Schlehdorn, *Prunus spinosa*

Wald-Bingelkraut,
Mercurialis perennis

Standort: Das Wald-Bingelkraut mag reine Laub- oder lichte Mischwälder. Es gedeiht auch in Knicks oder Gebüschen.
Pflücktermin: Man pflückt es, sobald es seine unscheinbaren Blüten zeigt, ab Mitte April.
Verwendung: Die krautige Pflanze mit den zierlichen Blütenständen pflücke ich hauptsächlich wegen des Blattwerks. Es ist ideal für rundgebundene Sträuße oder für die Basis gestufter Gestaltungen.
Haltbarkeit: Bingelkraut ist ein wenig anfällig, leicht macht es schlapp. Man pflückt es nicht zu jung und kocht die Stielenden an. In Sträußen dürfen die Stiele nicht geschnürt werden und in Steckmasse sollte man es nicht verwenden.
Konservierung: Bingelkraut zeigt getrocknet keine interessanten Aspekte.
Bemerkung:
Da Bingelkraut in der Regel massenhaft vorkommt, ist es schnell zu ernten. Wegen seiner Neigung zum Schlappwerden ist es aber mit Vorsicht zu verwenden, vor allem aus Schattenlagen.

Giersch,
Aegopodium podagraria

Standort: Einst brachten reisende Mönche diese wüchsige Pflanze heim. Man aß das junge Blattwerk als Spinat. Natürlich fand

die Pflanze mit ihren Ausläufern den Weg aus den Klostermauern heraus, so daß wir sie nun allerorts kennen. Nur auf trockenen Böden oder an sehr nassen Standorten trifft man den Giersch selten.
Pflücktermin: Die ersten jungen Blätter des Giersch bieten sich bereits im April zum Pflücken an. Im Juni erblüht die weiße Doldenblüte, im Anschluß an die Blütezeit des Wiesenkerbel. Ab Juli gibt es die samentragende Pflanze.
Verwendung: Das junge Blattwerk ist nur für den inneren Bereich rundgebundener Sträuße mit kleinblumigen Frühlingsblumen zu gebrauchen. Im Außenbereich des Straußes als Blattmanschette läßt es sich nicht einsetzen, weil es schlapp wird. Älteres, stabiles Blattwerk eignet sich im Verlauf des Sommers für vielerlei Rundgebundenes als füllendes Grün. Schön sind üppige Schalenfüllungen aus Gierschblättern, eventuell vermengt mit anderem jungen Grün, in die man kleine Frühlingsblüten als Tupfer setzt. Im Spätsommer und Herbst kann es auch die Aufgabe der Blattmanschette übernehmen, wenn der Strauß nicht zu fest abgebunden wird. Die Blüte des Giersch ist im Vergleich zum Wiesenkerbel oder dem später blühenden Kälberkropf größer und steifer im Wuchs. Daher kommt sie am besten mit großblumigen Stauden und Gräsern zum Ausdruck. In reinweißen Kombinationen mit Gerbera, Nelken oder Rosen und entsprechendem Blattwerk und Gräsern gelingen aber auch elegante Arrangements. Kurzgebunden, in der Rolle des Füllers, ist es sehr gut verwendbar. Man muß es aber mit anderem Grün versetzen, denn dichtgedrängt, geht die zierende Wirkung der Blüte verloren. Erst der fast drahtig anmutende Fruchtstand läßt sich kompakt in kurze Gebinde nehmen. Der getrocknete Fruchtstand findet mit Gold besprüht zur Weihnachtszeit Verwendung. Als Trockenblume ist Giersch uninteressant.
Haltbarkeit: Sowohl Blätter als auch Blüten und Fruchtstand sind ausgesprochen lange haltbar, sofern sie von sonnigen Standorten kommen. Junge Blätter sollten im Stengel nicht geschnürt, sondern locker und tief ins Wasser gestellt werden. So halten auch sie zehn bis vierzehn Tage. Knospige Blütenstände entfalten sich schlecht. Gut haltbar ist die voll erblühte Dolde. Ein kurzes Ankochen wirkt sich positiv aus. Die samentragende Pflanze ist sehr zählebig. Man kann es im Spätherbst wagen, Exemplare aus schattigen Lagen zu ernten.
Konservierung: Man trocknet die samentragende Pflanze hängend oder liegend. Das Pflanzengut muß trocken gelagert werden, denn es ist schimmelanfällig.
Bemerkung: Wo Giersch wächst, haben andere Pflanzen meist keine Chance, sich zu entfalten. Daher finden wir oft flächendekkende Bereiche vor, die eine schnelle Ernte erlauben. Übrigens ernte ich die ersten jungen Gierschblätter nicht für Sträuße, sondern für den Frühlingssalat. Allerdings nicht vom Straßenrand – auch ich habe Giersch im eigenen Garten.

Weiße Taubnessel, *Lamium album*

Standort: Wie die Brennessel, so die Taubnessel. Beide zeigen nährstoffreichen und stickstoffreichen Boden an. Eine Folge dessen ist, daß man sich beim Taubnesselpflükken oft die Finger verbrennt, weil beide Pflanzenarten sich mit ihren Wurzelausläufern ausbreiten und ineinanderwachsen. Zu finden sind Taubnesseln an Wegrändern, Gräben und Schuttplätzen. Vorzugsweise auf lehmig-sandigen Böden.

Pflücktermin: Sobald die Taubnessel eine Höhe von 15 bis 20 cm erreicht hat, kann man sie pflücken. An geschützten Stellen kann das schon im März der Fall sein. Sie wächst und blüht den ganzen Sommer hindurch, aber wirklich gebrauchen tue ich sie nur bis zum Frühsommer. Danach treten andere Pflanzen in den Vordergrund. Sie sind attraktiver als die mittlerweile im Wuchs schlaksig werdende Taubnessel.

Verwendung: Dank ihrer Stabilität finden Taubnesselarten im Frühling vielfältige Verwendung. Farblich besonders reizvoll sind zu dieser Zeit junge Nesseln, deren Triebspitzen sich wegen kalter Witterung leicht violett verfärben. Sie laden ein zu Kombinationen mit blauvioletten Frühlingsblumen. Bergenien, Muscari, Bergprimeln, Kugelprimeln, Küchenschelle und Aurikeln bieten sich an. Gern verwende ich Nesselarten für vegetative Arrangements. Beim Gebrauch von Steckmasse sollten die Löcher mit einem Hölzchen vorgesteckt werden. Für gestufte Sträuße und graphisch gearbeitete Gebinde läßt sich die Taubnessel gut in der Basisgestaltung einsetzen.

Haltbarkeit: Taubnesseln stehen ohne weiteres vierzehn Tage und länger in der Vase, wachsen dabei aber beständig, was der Gestaltung alsbald ein anderes Aussehen verleiht. Das sollte man bedenken, wenn man mit dieser unempfindlichen und reizvollen Pflanze arbeitet.

Konservierung: Für die Floristik kommt eine Konservierung der Pflanze nicht in Betracht.

Bemerkung: Sämtliche Taubnesselarten gehören zu den attraktiven und unkomplizierten Wildpflanzen des frühen Frühlings. Bereits im Februar kann man die kleinste Art, die Rote Taubnessel, blühend antreffen. Später gibt es neben der Weißen weitere rot- und gelbblühende Arten.

Knoblauchsrauke oder Gemeines Lachkraut, *Alliaria petiolata*

Standort: In Gebüschen, im lichten Wald und an Wegrändern, an Gräben und dort, wo es sonst noch lockeren, nährstoffreichen Boden gibt, wächst die Knoblauchsrauke.

Pflücktermin: Ab April, sobald die Pflanze groß genug ist, um sie in Sträuße einzubinden, kann man sie pflücken. Sie entwickelt sich in der Vase weiter und entfaltet ihre weiße, trugdoldige Blüte. Nach einigen warmen Sonnentagen ist sie im Freiland schnell so weit, daß wir die nun 50 bis 60 cm hohe, blühende Pflanze schneiden können. Nach der Blüte, etwa Anfang Juli, hat die Pflanze eine Wuchshöhe von etwa 1 m erreicht und trägt ihren filigran anmutenden Samenstand zur Schau. Ihn können wir bis in den Herbst hinein ernten.

Verwendung: Die junge, gedrungene Pflanze mit ihrem hellen Grün bringt Licht und Heiterkeit und Frische in die Gebinde. Kombinationen mit allen Frühlingsblumen und grünen Gräsern sind denkbar, wobei berücksichtigt werden muß, daß die Pflanzen in der Vase erheblich wächst und ihre Blüte entfaltet. Sehr gut verwendbar ist sie für vegetative Gestecke sogar in Steckmasse. Die blühende Pflanze im Frühsommer, aber auch später die samentragende Pflanze, ist von elegantem, aufstrebenden Habitus. Dieser Ausdruck ermöglicht Kombinationen mit großen Blüten wie Lilien, Paeonien, Gerbera, Nelken oder Chrysanthemen. Der getrocknete Fruchtstand ist für große Trockenblumengebinde brauchbar.

Haltbarkeit: Die jung gepflückte Pflanze ist von erstaunlicher Stabilität, selbst solche aus Schattenlagen. Sie entwickelt sich in der Vase weiter und überdauert mit Leichtigkeit sämtliche anderen Pflanzen und Blüten des Arrangements. Ein Ankochen der Stielenden ist nicht nötig.

Konservierung: Der Fruchtstand im Herbst wird in Sonnenlagen oft violett verfärbt. Nur die Fruchtstände eignen sich gut zum Trocknen, man braucht sie nicht aufzuhängen.

Bemerkung: Schon der Name Knoblauchsrauke läßt eine Verbindung zum Knoblauch ahnen. Tatsächlich riechen die Säfte der Pflanze wie Knoblauch und sie wirken und schmecken auch ähnlich. Eine Verwendung für Salate ist möglich. Als Schnittblume in der Vase verströmt sie keinen Knoblauchgeruch. Im Gegenteil, die Blüte hat einen leichten, lieblichen Duft.

Herrlicher Goldlackduft

Gestaltung: Ausgangsgedanke war, den Goldlack zur Geltung zu bringen. Seinen schönen Farbton, sein etwas bäuerliches Wesen herauszuarbeiten, seinen Wuchs nicht zu unterdrücken und dabei eine gewisse Eleganz, die auch im Duft zu spüren ist, an den Tag treten zu lassen. Die Wahl der zugeordneten Pflanzen fiel auf eigenwillige Blütenzweige, die im Farbton und Habitus Nähe und Gegensatz bieten. Auch die Tulpe bringt in der Form Gegensatz und in der Farbe Nähe. Die Lindenzweige haben bodenständigen Charakter. In weicher Linienführung steht 'Gracillimus', der Feinhalmmiscanthus, für das musische Element. Er bringt die eleganten Wesenszüge wieder heraus.

Herrlicher Goldlackduft

Feinhalmmiscanthus, *Miscanthus sinensis* 'Gracillimus'

Goldlack, *Cheiranthus*

Tulpe

Sommer-Linde, *Tilia platyphyllos*

Spitzahorn, *Acer platanoides*

Weiße Taubnessel, *Lamium album*

Wolliger Schneeball, *Virburnum lanata*

Technik: Der Vasenstrauß ist mit Bast gebunden, die Stiele liegen schräg aneinander.
Farben: Orange, Braunorange, Goldgelb, Crème, helles Grün, Beige und Hellbraun. Das Gefäß ist rehbraun.
Aussage: Das Gebinde ist von lieblicher Bäuerlichkeit. Warm in den Farbtönen und heiter in den ausschwingenden Formen. Der Mai ist gekommen, und wer es nicht sieht, der merkt es an den Düften.

Hirtentäschel, *Capsella bursa-pastoris*

Standort: Man findet es allerorts, wo der Boden frisch aufgebrochen wurde. Es gehört neben Vogelmiere, Melde, Franzosenkraut und anderen schnellwüchsigen, einjährigen Pflanzen zu den Notpflastern der offenen Erde. Es wächst auf Kies-, Lehm- und Sandböden und verträgt auch etwas Schatten.
Pflücktermin: Wenn Hirtentäschel als Jungpflanze überwintert hat, kann man bereits im März und April, je nach Witterungslage, die ersten Blüten finden. Es blüht den ganzen Sommer hindurch und bildet dabei den schönen, feingliedrigen Fruchtstand aus, der ihm den Namen gab. Viele kleine herzförmige Täschchen tanzen quirlförmig um den Stengel herum.
Verwendung: Im Frühling verwendet man es für wildhafte Sträuße, wegen mangelnder Haltbarkeit erst später auch in Gestecken. Sein Charakter ist verspielt bis wildhaft. Selten gelingt ein Einsatz in eleganten Gestaltungen gut. Durch seine zurückhaltend filigrane, aber dennoch füllende Eigenschaft, kann Hirtentäschel gut für rundgebundene Sträuße mit etwas herausspielenden Elementen Verwendung finden. Es ordnet sich gut unter und ist daher mit vielen Blütenformen kombinierbar. Auch getrocknet bleibt es gut in Form und behält seinen Reiz, so daß man es sowohl für Trockensträuße als auch für winterliche Frischblumensträuße verwenden kann. Zur Vorweihnachtszeit ist es auch mit Goldbronze besprüht von großem Liebreiz.
Haltbarkeit: Hirtentäschel kann im jungen Stadium leicht schlapp werden. Ein Ankochen hilft, macht es aber dennoch nicht brauchbar für Steckmasse. Ältere Pflanzen, die genügend Zellulose aufgebaut haben, sind sehr gut haltbar.
Konservierung: Erst die ausgereifte Pflanze im Herbst ist für Trockenzwecke zu empfehlen. Sie behält besser die Form und ist weniger anfällig für Schimmelbildung. Man kann Hirtentäschel gut liegend trocknen.
Bemerkung: Es gibt viele Arten, die dem

Hirtentäschel ähneln und an gleichen Standorten wachsen, wie Hellerkraut und die vielen Kressearten. Sie sind alle gut verwendbar. In landwirtschaftlichen Monokulturen, wo Hirtentäschel oft als Begleitkraut auftaucht, wird es oft von einem weißen Pilz befallen, was es unansehnlich und damit unbrauchbar macht.

Wiesenlöwenzahn, *Taraxacum officinale*

Standort: Die Pflanze kennt hierzulande wohl jedes Kind, zumindest ihren Samenstand, die Pusteblume. Wer hat sie nicht schon einmal auseinandergepustet und damit zu ihrer sicheren Verbreitung beigetragen. Sie faßt nahezu überall Fuß und paßt sich vielen Bedingungen an. Auf Wegen und in Rasenflächen schmiegt sie sich eng an den Boden, während sie im Verband mit anderem Kraut auf lockerem Boden großblättrig und aufrecht dasteht. Nur dort wird man den Löwenzahn pflücken.
Pflücktermin: Im April und Mai, wenn die Blätter und Blüten ausreichende Größe erlangt haben, ist die Pflanze pflückreif.
Verwendung: Mit ihrer wildhaften Ausstrahlung läßt sich die Pflanze wirklich nur für wildhafte Gestaltungen einsetzen, entweder im Verband mit anderen Wildpflanzen, einige handvoll locker in einer großen Schale plaziert, oder in gestuften, gemischten Frühlingssträußen mit Poetennarzissen, Vergißmeinnicht, Nelkenwurz, Himmelsleiter, Arabis und Goldlack, den ersten Grasblüten, Nesseln und Sternmiere. Die Blüten bilden sich auch in der Vase zur Pusteblume aus, was reizvolle Aspekte in die Gestaltung bringt. Man ist überrascht und fast gerührt über diese Entwicklung.
Haltbarkeit: Wieder sind nur Pflanzenteile aus sonniger Lage zu gebrauchen. Andere werden schlapp in unseren warmen Räumen. Auch mit Steckmasse kann man Löwenzahn nicht verwenden und ebenso nicht als Blattmanschette für gebundene Sträuße, wenn sie abgebunden werden. Lokker in Wasser eingestellt, sind Löwenzahnblätter und -blüten von mittlerer Haltbarkeit.
Konservierung: Man kann Löwenzahnblüten zum Trocknen aufhängen. Sie machen eine Notreife durch, so daß wir als Ergebnis reizende kleine Pusteblumen für die Trockenblumenbinderei zur Verfügung haben, die sich dann nicht abpusten lassen.
Bemerkung: Naturhafte Sträuße mit Löwenzahn lösen Freude aus, was wohl vom Wiedererkennungseffekt und Erinnerungen an Kindheitszeiten herrührt.

Von der Wiese

Gestaltung: Der kleine Maistrauß sieht, dank der zarten jungen Gewächse, aus, als sei er gerade auf der Wiese gepflückt worden. Er enthält keine zähen Blätter oder harten Hölzer, wie man es im ganzen Winterhalbjahr hindurch gewohnt war. Mit den kleinen margeritenblütigen Gesichtern des Mutterkrautes wurde sogar schon ein wenig Frühsommer gewagt. Dennoch bleibt die Stimmung mit der Pflanzenauswahl in den vielen Gelbtönen eindeutig frühlingshaft.
Technik: Der gebundene Vasenstrauß wurde in üblicher Bindetechnik angefertigt, wobei darauf geachtet wurde, daß der aufstrebende Hirtentäschel seinen Platz im mittleren Bereich fand. Der Strauß wurde an zwei Stellen sehr locker mit Bast gebunden, um die zarten Stiele nicht zu quetschen.

Von der Wiese

Goldlack, *Cheiranthus*

Hirtentäschel, *Capsella bursa-pastoris*

Löwenzahn, *Taraxacum officinale*

Mutterkraut, *Matricaria*

Trollblume, *Trollius europaeus*

Wiesenhafer, *Helictotrichon*

Wiesenkerbel, *Anthriscus sylvestris*

Wolfsmilch, *Euphorbia polychroma*

Farben: helles Orange, sattes Gelb, grünliches Gelb, weiß, helles Grün und Schilfgrün. Das Gefäß ist braun und trägt schwarze Schattierungen.
Aussage: Der Strauß vermittelt die typische Löwenzahnstimmung, ist unbeschwert kindlich heiter und erdnah in seinem Wesen.
Hinweis: Die farnähnlichen Blätter des Wiesenkerbels gehören neben Giersch, Taubnesseln und Knoblauchsrauke zu den gebräuchlichsten Frühlingspflanzen. Es gibt Kerbelblätter häufig, sie sind leicht zu ernten und gut haltbar. Ein Tip für Feinschmecker: Auch aus Wiesenkerbel läßt sich eine hervorragende Kerbelsuppe herstellen. Nur Vorsicht beim Sammeln ist geboten. Das ungeübte Auge könnte Wiesenkerbel mit Schierling und Kälberkropf verwechseln.

Echtes Barbarakraut
Barbarea vulgaris

Nur an sonnigen Plätzen, wo es feucht und steinig ist, auf kiesigen Böden am Wegrand, auf Bahndämmen und an Ufern trifft man das Barbenkraut, wie es auch genannt wird.
Pflücktermin: Ab Mai, wenn es beginnt, seine gelben Blüten zu entfalten, kann man es von der Staude schneiden. Es entfaltet seine vielen Blüten nach und nach bis etwa Mitte Juli. Dann können wir den Fruchtstand ernten.
Verwendung: Das satte Gelb seiner Blüten läßt nur Kombinationen mit Gelb und Weiß oder klaren, kräftigen Grundfarben zu. Außerdem wirkt es sehr bäuerlich ländlich. Man wird es also vorzugsweise mit großblu-

migen Stauden, wie Margeriten, Glockenblumen, Centaurien und Gräsern, zu lockeren Sträußen zusammenfügen und in dickbauchige Gefäße einstellen. Den farblich viel weniger ausdrucksstarken Fruchtstand kann man auch als Fülle für kompakte, rundgebundene Sträuße benutzen.
Haltbarkeit: Barbarakraut ist in der Vase ausgesprochen gut haltbar, auch ohne Ankochen der Stiele. Sogar die Knospen entfalten sich in der Vase. Der Fruchtstand und gut entwickelte Blütenstände sind in Steckmasse verwendbar.
Konservierung: Die Blüte muß hängend, der Fruchtstand kann liegend getrocknet werden.
Bemerkung: Vom Barbarakraut kann man am 4. Dezember, dem Barbaratag, noch frische grüne Blätter für Wildsalat pflücken. Daher hat es seinen Namen.

Echte Sternmiere, *Stellaria holostea*

Standort: Ihr Vorkommen ist häufig und nicht zu übersehen. An Knicks, Gräben und Wegrändern, in Laubwäldern, an Gebüschen, auf lehmigen und sandigen Böden trifft man dieses entzückende Nelkengewächs. Seine leuchtend weiße Blütenflut ist unübersehbar und unverwechselbar.
Pflücktermin: Ich pflücke es nur zur Blütezeit von Ende April bis Juni.
Verwendung: Die Verwandtschaft mit dem Schleierkraut ist eindeutig erkennbar und man kann es auch ähnlich benutzen. Dabei ist allerdings zu bemerken, daß Schleierkraut, wie der Name bereits verrät, verschleiernde Eigenschaften hat. Sein verträumtes und verspieltes Wesen wirkt sehr dominierend und ist zweifellos schön, wenn entsprechende Charaktere dazu

genommen werden. Man darf Schleierkraut nicht wie Zucker zu jedem Essen geben. Es paßt auch nur zu Süßspeisen. Natürlich gibt es Fälle, wo eine leichte Prise Zucker gerade die rechte Würze verleiht – so ist auch mit Schleierkraut umzugehen. Die Sternmiere allerdings hat einen klareren Ausdruck als *Gypsophila*, so daß man es eher in wildhafte als in träumerische Zusammenhänge bringt. Schlicht und sehr schön ist eine große Schüssel, angefüllt nur mit Sternmiere und Grashalmen. Will ich kombinieren, bieten sich kleinblumige Nelken und Rosen, Himmelsleiter, Vergißmeinnicht, Goldlack, Nelkenwurz, Arabis, Wolfsmilch und Löwenzahnblüten an.
Haltbarkeit: Die Sternmiere ist ausgesprochen haltbar, auch ohne Ankochen der Stiel-

Der Mai ist gekommen

Akelei, *Aquilegia vulgaris*

Bärengras, *Xerophyllum*

Birne, *Pyrus communis*

Einblütiges Perlgras, *Melica uniflora*

Hainrispengras, *Poa nemoralis*

Himmelsleiter, *Polemonium*

Löwenzahn

Steinkraut, *Allyssum*

Sternmiere

Tränendes Herz, *Dicentra spectabilis*

Tulpe

Zitronenstorchenschnabel, *Geranium macrorrhizum*

enden. Sogar Knospen entfalten sich sehr gut in der Vase, so daß man ohne weiteres vierzehn Tage Freude an dieser lieblichen Blume haben kann.
Konservierung: Von einem Gebrauch als Trockenblume ist abzuraten, sie ist zu unscheinbar.
Bemerkung: Es gibt noch andere kleinblumige Sternmierenarten. Kleinere und größere, die zum Teil recht mühsam in der Handhabung sind.

Der Mai ist gekommen

Gestaltung: Das Bild zeigt einen gestuften Strauß mit den Reizen des Mai. Die Dominanz des im Mai aufkommenden roten Farbtons zeigt sich in den großen Blüten der Tulpe. Die anderen Farben spielen in den kleinen Blüten. In Rot und Gelb stehen einander nahe und warme Farben fernen Blautönen gegenüber, was schon sehr sommertypisch ist. Zwischen den Blüten stehen trennend und verbindend, verdichtend und ausschweifend, weiche, hellgrüne Blätter und Gräser.
Technik: Die Stiele des Straußes wurden parallel aneinandergelegt, dabei wurden einige Pflanzenarten, wie in der Gestaltung sichtbar, gleich büschelweise eingelegt. Sträuße dieser Art erfordern ein Gefäß mit weiter Öffnung und geraden Wandungen. Dort hinein stellt man sie ungebunden – so fallen sie am besten.
Farben: Rot, sattes Grün, helles Blau, Weiß und helle Grüntöne. Die Glasur der Vase ist blau und dunkelgrau.
Aussage: Reine Lebensfreude, hervorgerufen durch die klaren Grundfarben, geht von die-

sem Maistrauß aus. Er legt einem das Lied »Der Mai ist gekommen...« nur so auf die Lippen.
Hinweis: Anfang Mai kann man in Ermangelung junger frischer Grasblüten, wenn sie noch nicht so weit sind, die getrockneten grünen Grasblüten des Vorjahres mit einarbeiten. Sie geben zusätzlich ausschwingende Bewegung und damit Leichtigkeit.

Blütenzweige – Blütenzweige

Gestaltung: Blühendes Geäst von Sträuchern und Bäumen lädt dazu ein, große Raumdekorationen zu gestalten. Dieses Beispiel zeigt, daß nicht immer Bodenvasen als Gefäß dienen müssen. Hier wurde ein maigrüner Übertopf mit Zweigen aus Garten und Knick bestückt. Man könnte den Aufbau der Gestaltung grob als pyramidenförmig bezeichnen, wobei die dominanten Blütenformen des Rhododendron in asymmetrischer Anordnung dieser Form optisch entgegenwirken.

Blütenzweige – Blütenzweige

Alpenrose, *Rhododendron*

Apfel, *Malus sylvestris*

Birne, *Pyrus communis*

Roter Trauben-Holunder, *Sambucus racemosa*

Zierapfel, *Malus*-Hybride

Technik: Eine gute und ziemlich stabile Steckhilfe für Arrangements in jeder Größenordnung ist Maschendraht, wobei es in den meisten Fällen nicht ausreichen würde, nur die Öffnung des Gefäßes mit dem Maschendrahtraster zu versehen. Für die Stengel ist auch ein Halt im unteren Bereich des Gefäßes nötig, damit sie nicht umkippen. Ich benutze meistens ein lockeres Knäuel, das ich entweder im Gefäß festklemme oder mit einem schweren Stein als Einlage beschwere, wie es im Bild zu sehen ist. Eine andere gute Steckhilfe für große Gefäße sind Ziegelsteine mit Löchern.

Farben: Muschelrosa, Weinrot, Crèmegelb, Eierschale, kaltes und warmes Weiß, helles und sattes Grün, Olivgrün und Umbra. Das Gefäß hat eine maigrüne Glasur.
Aussage: Blütenzweige sind immer anmutig in ihrer Ausstrahlung und büßen selbst in so prächtiger Aufmachung nicht ihre Lieblichkeit ein.
Bemerkung: Gebinde, die nur aus Blütenzweigen bestehen, sind von eigenwilliger Schönheit, die man nicht durch das Hinzufügen von anderem Beiwerk irritieren muß.

Schnittblumen im Frühling

Blütenzweige, zum Teil vorgetrieben

Blutjohannisbeere, *Ribes sanguineum*
Blutpflaume, *Prunus cerasifera*
Brautspiere, *Spiraea arguta*
Felsenbirne, *Amelanchier*
Flieder, *Syringa*
Gefüllter Schneeball, *Viburnum opulus*
Ginster, *Cytisus*
Goldglöckchen, *Forsythia*
Kamelie, *Camellia*
Kleinblütige Tamariske, *Tamarix parviflora*
Lavendelheide, *Pieris japonica*
Magnolie, *Magnolia*
Mandelbäumchen, *Prunus triloba*
Obst-Gehölze, *Prunus, Malus, Pyrus, Cydonia*
Ranunkelstrauch, *Kerria japonica*
Schlehe, *Prunus spinosa*
Schneeheide, *Erica carnea*-Hybriden
Schneeball-Arten, duftend, *Viburnum × carlcephalum, V. burkwoodii, V. carlesii*
Skimmie, *Skimmia japonica*
Vorfrühlings-Alpenrose, *Rhododendron* 'Praecox'
Zieräpfel, *Malus*-Hybriden

Zwiebelgewächse

Bogenlilie, *Cyrtanthus mackenii*
Freesie, *Freesia*
Frühlings-Iris, *Iris reticulata*
Gartenkrokus, *Crocus vernus*
Glockenhyazinthe, *Hyacinthoides hispanica*
Hyazinthe, *Hyacinthus orientalis*
Ixie, *Ixia viridiflora*
Kaiserkrone, *Fritillaria imperialis*
Knotenblume, *Leucojum aestivum*
Narzissen, diverse, *Narcissus*
Nerine, *Nerine bowdenii*
Perlhyazinthe, *Muscari armeniacum*
Schachbrettblume, *Fritillaria meleagris*
Schneestolz, *Chionodoxa luciliae*
Tulpen, diverse, *Tulipa*
Zierlauch, *Allium unifolium*

Stauden

Akelei, *Aquilegia*
Bergenie, *Bergenia*
Frühlingsaster, *Aster tongolensis*
Gänsekresse, *Arabis*
Gemswurz, *Doronicum orientale*
Götterblume, *Dodecatheon*
Hornveilchen, *Viola cornuta*
Maiglöckchen, *Convallaria majalis*
Maßliebchen, *Bellis perennis*
Nelkenwurz, *Geum coccineum*
Primel-Arten, *Primula* Elatior-Hybriden, *P. denticulata, P. pubescens*
Schleifenblume, *Iberis sempervirens*
Steinkraut, *Alyssum*

Storchenschnabel,
Geranium macrorrhizum 'Spessart'
Tränendes Herz, *Dicentra spectabilis*
Trollblume, *Trollius europaeus*
Wolfsmilch, *Euphorbia polychroma*

Standard und Importe

Anemone, *Anemone fulgens*
Anthurien, lachsfarben, *Anthurium*
Freesie, *Freesia*
Gerbera, gelb, orange, apricot
Inkalilie, gelb, orangerot, lachsrosa, *Alstroemeria*
Islandmohn, *Papaver nudicaule*
Lilie, gelb, orange, weiß, *Lilium*
Margerite, *Argyranthemum frutescens*
Mimose, *Acacia*
Nelke, gelb, orange, *Dianthus*
Ranunkel, *Ranunculus asiaticus*
Rosen, warme Farben

Beiwerk im Frühling

Zweige

Birke, *Betula*
Feldahorn, *Acer campestre*
Hainbuche, *Carpinus betulus*
Hasel, *Corylus avellana*
Rotbuche, *Fagus sylvatica*
Spierstrauch, *Spiraea*, diverse
Traubenkirsche, *Prunus padus*
Weiden-Arten, *Salix*, diverse

Importe und Treibhausgewächse

Asparagus-Arten, *Asparagus setaceus, A. densiflorus, A. umbellatus*
Bärgras, *Xerophyllum*
Bergenie, *Bergenia*
Bronceblatt, *Galax*
Eucalyptus-Arten, *Eucalyptus globulus, E. gunnii, E. coccifera, E. niphophila*
Farn, *Pteris tremula*
Flamingoblume, *Anthurium*-Andreanum-Hybriden
Frauenhaar-Farn, *Adiantum raddianum*
Funkie, *Hosta*
Grevillea-Arten, *Grevillea robusta, G. asplenifolia*
Syngonium
Zimtkassie, *Cinnamomum aromaticum*
Zitronengeranie, *Geranium macrorrhizum* 'Spessart'

Wildpflanzen

Acker-Hellerkraut, *Thlaspi arvense*
Bär-Lauch, *Allium ursinum*
Bingelkraut, *Mercurialis*
Giersch, *Aegopodium podagraria*
Glatthafer, *Arrhenatherum elatius*
Wiesenkerbel, *Anthriscus sylvestris*
Buschwindröschen, *Anemone nemorosa*
Echte Sternmiere, *Stellaria holostea*
Ehrenpreis-Arten, *Veronica persica, V. chamaedrys*
Barbarakraut, *Barbarea vulgaris*
Goldenes Frauenhaar, *Polytrichum commune*
Gundermann, *Glechoma hederacea*
Hahnenfuß, *Ranunculus acris, R. bulbosus*
Hirtentäschel, *Capsella bursa-pastoris*
Hohler Lerchensporn, *Corydalis cava*
Huflattich, *Tussilago farfara*
Knoblauchrauke, *Alliaria petiolata*
Kriechender Günsel, *Ajuga reptans*
Löwenzahn, *Taraxacum officinale*
März-Veilchen, *Viola ordorata*
Milzkraut, *Chrysosplenium*
Moschuskraut, *Adoxa moschatellina*
Perlgras, *Melica*
Scharbockskraut, *Ranunculus ficaria*
Taubnessel-Arten, *Lamium album, L. purpureum, L. amplexicaule, L. galeobdolon*
Wald-Sauerklee, *Oxalis acetosella*
Wiesen-Gelbstern, *Gagea pratensis*
Wiesenlieschgras, *Phleum pratense*
Wiesenrispengras, *Poa pratensis*
WiesenSchaumkraut, *Cardamine pratensis*
Wildes Stiefmütterchen, *Viola tricolor*
Zypressen-Schlafmoos, *Hypnum cupressiforma*

Immergrünes Gehölz

Buchsbaum, *Buxus sempervirens*
Immergrün, *Vinca minor*
Kirschlorbeer, *Prunus laurocerasus*
Kriechspindel, *Euonymus*
Mahonie, *Mahonia Rhododendron*

Frühsommer

Wenn die Nachtigallen singen – Frühsommerstimmung

Frühsommer trägt sprühendes, junges Leben in sich. Momente voller Übermut und Leidenschaft, die einen schon frühmorgens durch den Gesang der Vögel aus dem Bett tragen. Manch einer hat Glück und wohnt dort, wo auch Nachtigallen zu Hause sind. Sie singen zu allen Tages- und Nachtzeiten und ihre Strophen sind von größerem Zauber, als Gedichte und Lieder es zu schildern vermögen. Sie verklären die Welt für Momente, lassen einen innehalten und einfach nur da sein und zuhören.
Frühmorgendliche Pflücktouren unter jungem Grün der Bäume, an den Knicks entlang, wo gerade *Rosa canina*, die Hundsrose, ihren Blütenzauber entfaltet, werden zu Augenblicken des Glücks. Wiesenkerbel, Laub und Gräser will ich pflücken. Schon die Morgensonne ist so warm, daß mir die Nässe des Morgentaus egal ist. Die Füße werden schnell wieder trocken.
Ich setze mich für einen Moment auf einen Baumstumpf. Wie lange mag der Baum hier gestanden und jedem Wetter standgehalten haben? Vielleicht waren es einhundert Jahre? Oder mehr? Einen schönen Platz hatte er hier. Warum er wohl abgesägt wurde? Ein Schmetterling tanzt vorbei. Schwalbengezwitscher erfüllt die Luft. Die Sinne sind offen, welch ein Morgen. Wiesenkerbel brauche ich noch und dabei fällt mir eine Kundin ein, die im Krieg geheiratet hatte, mit Wiesenkerbel als Blumenschmuck in der Kirche. Wunderschön muß das gewesen sein, wie auf weißen Wolken zu schweben. Bräutlicher kann ich mir einen Hochzeitsschmuck im Moment eigentlich gar nicht vorstellen. Die Tagesration Wiesenkerbel ist schnell geschnitten und damit das Pflücken für diesen Morgen beendet. Unter Murren setze ich mich wieder ans Steuer und fahre ins Geschäft. Es ist kein Tag zum arbeiten, denke ich, auch nicht mit Blumen. Es ist einer zum Gucken, zum Lauschen und Staunen. Nur das Spielen und Singen dürften erlaubt sein an so einem Tag im Mai. Diese jungfräulich frühsommerliche Stimmung, wo die klaren Grundfarben das Blumenbild beherrschen und das Blattwerk der Gehölze noch makellos ist, hält nicht lange an. Sie beginnt Mitte bis Ende Mai, je nach Wetterentwicklung, wenn die ersten Wildrosen sich zu öffnen beginnen. Mitte bis Ende Juni ist sie schon vorüber. Nachdem die Sonne ihren höchsten Stand erreicht hat und nun an klaren Tagen erbarmungslos Tag für Tag vom Himmel brennt, so daß die Pflanzen mit hängenden Blättern dastehen, ist die junge Frische dahin. Gewitter, Böen und heftiger Regen zerren einige Tage später an den Blättern und Blüten, vorbei ist die Zeit der Jugend.

Die Kornblumen blühen – Das Blumenangebot im Frühsommer

Die großblütigen Treibhausblumen sind im Moment aus dem Angebot zu streichen. Frühsommerliche Leichtigkeit in Gestalt der ersten blühenden Sommerstauden in ihren vielen Farbnuancen stellt Gerbera, Nelken und Lilien in den Schatten. An Großblütigem liebt man Ende Mai duftende bunte

Levkojensträuße, Bauern- und Pfingstrosen, die gepaart mit Blütenzweigen von Flieder, Holunder, Schneeball und Wildrosen ihre volle Pracht entfalten. Und dann feiert Mitte Juni der Sommer seinen Einzug mit Rittersporn und anderen rein blauen Blumen. Verschiedene Arten von Glockenblumen, Ehrenpreis, Iris, Centaurien, Katzenminze, Akelei und Jakobsleitern lassen den Garten das Himmelsblau auf Erden erleben. Ein wenig Gelb als Komplementär wirkt wie Sonnenschein und bringt Blautöne zum Leuchten. Schafgarbe, Taglilie und Wolfsmilch bieten sich hierfür an.
Aber nicht nur das klare Blau, wie die Kornblumen im Feld es tragen, sondern auch das klare Rot des Klatschmohns ist junitypisch und läßt in der Kombination mit Margeriten und Gräsern nichts anderes als Hochsommergefühl aufkommen. Die Hochzeitsstimmung des Sommers währt nur kurz. Es sind einige farbenfröhliche Wochen, ohne deutliche Lilatöne im Farbbild der heimischen Natur. Üppig bunte Sträuße aus einer Art, zum Beispiel aus Akelei, Levkojen oder Lupinen, Bartnelken, Islandmohn, Iris, Wikken oder Gartennelken, mit vielen Gräsern und Wiesenkerbel durchsetzt, wirken immer überzeugend. Erste Freilandedelrosen, kombiniert mit Wildrosen und zartem Graswildwuchs, werden jetzt automatisch zu Hochzeitssträußen. Kunterbunte Sträuße aus vielen kleinblumigen Arten, wie Gemswurz, Feinstrahlastern, Centaurien, Storchenschnabel, Jakobsleitern, Glockenblumen, Purpurglöckchen, Katzenminze, Wolfsmilch, Frauenmantel, Islandmohn, wildem Klee und Wickenarten sowie feinen Gräsern, sind jetzt lieblichstes Zeugnis dieser Zeit, die mit dem Aufblühen der ersten purpurvioletten Weidenröschen in den Knicks ihr Ende findet.

Gräser, Gräser, Gräser – Beiwerk im Frühsommer

Auch im Frühsommer kann das Beiwerk leicht zur Hauptsache werden, wenn man das Wesen dieser Zeit so richtig zum Ausdruck bringen will. Ich meine die Leichtigkeit, Überschwenglichkeit und das viele helle Grün, das dem Auge so wohl tut. Besonders Gräser, die jetzt zum Verdruß der heuschnupfenanfälligen Menschen Hochkonjunktur haben, tragen diese Merkmale in sich und es gibt im Mai und Juni die schönsten Gräser in Hülle und Fülle.
Die ersten Gräser blühen Anfang Mai auf der Wiese und sind noch ein wenig derb im Ausdruck, wie das an kleine Rohrkolben erinnernde Wiesen-Lieschgras. Doch es bedarf nur einiger Tage sommerlicher Temperaturen im Mai und die Gräser am Stra-

Schnittblumen im Frühsommer Seite 130
Pflanzenlisten Beiwerk Seite 131

ßenrand beginnen ihr Längenwachstum. Die Trespen gehören zu den Schönheiten der ersten Frühsommerstunden. Der Charme der Tauben Trespe bringt sofort den Zauber dieser Zeit in die Gebinde hinein. Die Weiche Trespe dagegen wirkt rustikaler und die große Verwandte aus dem Wald, die Waldtrespe, ausgesprochen elegant, wie viele andere Pflanzen auch, die im Schutze des Waldes heranwachsen, zum Beispiel auch das Waldflattergras und die Geschlängelte Schmiele, der jedoch eher ein jungmädchenhafter Liebreiz zu eigen ist. Sie ist das schönste Gras zu Rosen. Fein eingearbeitet wirkt es fast wie ein Strahlenkranz, wie eine Aura der Blüten.

Man möchte sich hineinlegen, so weich und kuschelig wirken große Vorkommen des Hainrispengrases. Nur weil auch hier der Traum schöner ist als die Realität, träumen wir weiter und verwenden es auch in der Binderei üppig, um den liebkosenden Reiz für das Auge zu erhalten.

Als füllendes Grün für rundgebundene Sträuße verwendet man jetzt Gierschblätter und die jungen Beifußtriebe. Die strahlenlose Kamille und Waldmeister füllen und bringen Blütenwirkung mit. Wiesenkerbel ist mit Blüten und Blättern vielerlei Zwecken dienlich. Besser für offene, lockergestaltete Gebinde eignen sich Sauerampfer, Hahnenfuß, Rauke, Löwenzahn, Kälberkropf, Hirtentäschel, Frühlingsplatterbse, Steinklee, Senf, Raps und Kresse. Benötigen wir jetzt Blattwerk, so ist die Rotbuche sehr reizvoll in ihrem hellgrünen Kleid. Etwas rustikaler wirken Hainbuche und Eiche.

Der Bedarf an Gewächshausgrün und Importware nimmt jetzt rapide ab. Lediglich verschiedene helle Farne, Zimtblätter und hin und wieder auch große tropische Blätter spielen noch eine Rolle.

Zarte Geschöpfe – Natur und Gestaltung

Vorsicht Pusteblume!

Gestaltung: Dies ist ein sehr locker und duftig gebundener Vasenstrauß, der in seinen Abmessungen weit über die Maße des goldenen Schnittes hinausgeht. Daß die Gestaltung dennoch nicht unproportioniert wirkt, ist in seiner optischen Leichtigkeit begründet. Der kompakte mittlere Bereich des Straußes war ausschlaggebend für die Gefäßwahl. Das Farbspiel dieser Komposition ist sehr zart und leicht. Die dominanten Blautöne werden durch die kleinen gelben Tupfer des Hahnenfuß zum Leben erweckt. Wie behütend schweben die zart gebauten Schirmchen des Wiesenkerbels über dem Kern des Straußes.

Technik: Die Blütenstengel und Gräser wurden einzeln schräg aneinandergelegt, wobei darauf geachtet wurde, daß jeder Blüte Raum zur Entfaltung ihrer Schönheit zukommt. Die abschließenden Grasblätter wurden büschelweise angelegt. Der Strauß steht ungebunden im Gefäß.

Farben: Hellblau, Himmelblau, Preußischblau, weißliches Blau, Crème, glänzendes Dottergelb, helles Gelb, Eierschale, Flieder, helles und mittleres Grün. Das Gefäß hat eine hell- und ultramarinblaue, violettstichige Glasur.

Aussage: Die Butterblumenflut ist verblüht und mit den Doldenblüten des Wiesenkerbels werden schon die ersten kleinen Sonnenschirme aufgespannt. Der Sommer kündigt sich noch sehr zart und leicht mit Himmelsleiter, Ehrenpreis und Akelei an. Die herrliche Frühsommerzeit, wenn die

Vorsicht Pusteblume

Akelei, *Aquilegia vulgaris*

Ehrenpreis, *Veronica gentianoides*

Gamander-Ehrenpreis, *Veronica chamaedrys*

Hyazinthe, *Hyacinthus amethystinus*

Jakobsleiter, *Polemonium*

Knolliger Hahnenfuß, *Ranunculus bulbosus*

Löwenzahn, *Taraxacum officinale*

Scharfer Hahnenfuß, *Ranunculus acris*

Schnittlauch, *Allium schoenoprasum*

Vergißmeinnicht, *Myosotis*

Wiesenlieschgras, *Phleum pratense*

Wiesenrispengras, *Poa pratensis*

Wiesenkerbel, *Anthriscus sylvestris*

Zitronenstorchenschnabel, *Geranium macrorrhizum*

Tage immer länger werden und die ganze Natur im frischen hellgrünen Kleid dasteht, ist eingefangen in diesem luftig gebundenen Vasenstrauß.

Gamander-Ehrenpreis, *Veronica chamaedrys*

Standort: Sehr häufig ist der Gamander-Ehrenpreis in sonniger und halbschattiger Lage auf lockerem, stickstoffreichem Boden anzutreffen.
Pflücktermin: Bereits im April findet man erste blühende Pflanzen. Doch dann sind sie noch zu kurzstielig zum Pflücken für die Vase. Meistens sind sie ab Mitte Mai soweit, daß man sie nehmen kann. Ausgeblüht haben sie gegen Ende Juni.
Verwendung: *Veronica chamaedrys* wird selten einzeln verwendet. Diese Art gehört zu den Blümchen, die am besten in der Masse zur Geltung kommen. Also arbeitet man kleine Tuffs von ihnen in Sträuße ein oder füllt eine große Schale. In das blaue Veronikameer können einzelne Blütengesichter, wie Tupfer auf einem Stoff, hineingesteckt werden. Zusammen mit anderen kleinwüchsigen Blüten, wie Sternmiere, Gundermann, Iberis, Alyssum, verzweigten Rosen und Buchsbaum als trennendes Grün, lassen sich Ornamente mit altmodischer Ausstrahlung anfertigen. Geeignete Gefäße sind alte Waschschüsseln oder große flache Körbe.
Haltbarkeit: Veronica-Arten sind recht haltbare Schnittblumen. Sehr arbeitsaufwendig ist es allerdings, von den massenhaft verwendeten, kleinwüchsigen Arten das untere

Blattwerk zu entfernen. Auf ein Ankochen der Stielenden bei den kleinen Arten kann man verzichten. Ein frischer Anschnitt mit scharfer Klinge genügt. Für diese Art von Blumen ist es gut, eine Ikebanaschere zu haben, die dank ihrer zwei geschärften Klingen ein Schneiden der Stengel ermöglicht, ohne sie zu quetschen.
Konservierung: Nur große Veronica-Arten sind zum Trocknen zu gebrauchen. Man hängt sie in Bündeln auf.
Bemerkung: Für Frühlingspflanzungen bietet schon im März der Persische Ehrenpreis seinen Blütenteppich an. Andere Ehrenpreis-Arten sind den ganzen Sommer hindurch zu finden.

Scharfer Hahnenfuß, *Ranunculus acris*

Standort: Auf Wiesen, an Gräben, Weg- und Straßenrändern, wenn der Boden lehmig, humos und feucht genug ist, findet man den Scharfen Hahnenfuß. Mit einer Wuchshöhe von 80 bis 120 cm ist er einer der größten seiner Gattung und schon daran leicht von anderen Familienmitgliedern zu unterscheiden.
Pflücktermin: *Ranunculus acris* blüht von April bis Oktober, ein Dauerblüher also. Es empfiehlt sich nicht, die junge Pflanze im Knospenstadium zu pflücken.
Verwendung: Die Hahnenfußblüten sind wildhaft, leicht und klar im Ausdruck, so daß sie wie geschaffen für Frühsommersträuße sind. Ihr blankes Gelb in kleiner Dosis ist gerade richtig, um das Blau-Weiß-Rot von Margeriten, Mohn und Kornblume nicht zu einfältig werden zu lassen oder um die vielen blauen Blumen des Juni zum Leuchten zu bringen.
Haltbarkeit: Der Scharfe Hahnenfuß ist stabil im Wuchs. Im Aufblühstadium geschnitten, hält er ohne weiteres eine Woche bis zehn Tage in der Vase, denn seine Knospen blühen nach und nach auf. Eine einzelne Blüte jedoch hält höchstens zwei bis drei Tage. Außerdem tut man gut daran, die Stielenden anzubrühen.
Konservierung: Hahnenfußblüten schrumpfen beim Trockenvorgang zwar sehr stark, behalten aber ihr leuchtendes Gelb bei, was sie reizvoll für die Trockenblumenbinderei macht. Man hängt die Blüten bündelweise zum Trocknen auf.
Bemerkung: Zur Gattung *Ranunculus* gehören viele Arten. Die meisten blühen gelb, wenige weiß. Einige von ihnen sind schon sehr selten geworden oder vom Aussterben bedroht.

Erste Feinstrahlastern

Gestaltung: Abgesehen von den ausschweifenden Gräsern, ist dieser gebundene Strauß in seinem Umriß fast halbkugelförmig. Man könnte sagen, der kompakt rundgebundene Strauß beginnt, sich aufzulösen. Die Blumen wachsen über die Form hinaus. Sie strecken sich, um ihre ganze Schönheit zu zeigen. Ihrem Wuchs entsprechend, ragt die Akelei am weitesten heraus. So kommen die zarten Glocken am besten zur Geltung. Gedrungene Formen und offene Blütengesicher sitzen tiefer im Strauß und die Gräser spielen wie immer weit über den Schwerpunkt des Straußes hinaus. Das optische Zentrum des Gebindes bildet die erste blühende Feinstrahlaster aus dem Staudenbeet.
Technik: Der Strauß wurde in üblicher Straußbindeform gefertigt und mit Bast gebunden.

Erste Feinstrahlastern

Akelei, *Aquilegia vulgaris*

Bärengras, *Xerophyllum*

Feinstrahlaster, *Erigeron*

Jungfer im Grünen, *Nigella*

Oxypetalum caeruleum

Prachtspiere, *Astilbe* 'Irrlicht'

Taube Trespe, *Bromus sterilis*

Taubnessel, *Lamium album*

Wiesenkerbel, *Anthriscus sylvestris*

Zitronenstorchenschnabel, *Geranium macrorrhizum* 'Spessart'

Farben: Lachsrosa, Eierschale, Himmelblau, Weiß, gedecktes Gelb, helles, mittleres und graues Grün. Das Gefäß ist beige bis graubraun mit hellrosa und taubenblauer Zeichnung.
Aussage: Dies ist ein zart und beschwingt anklingendes Frühsommergebinde mit einem Augenzwinkern.
Bemerkung: Dieser Strauß zeigt sehr gut die Wirkung verschiedener Charaktere von Blütenformen. Während die Akelei sehr bescheiden und fast demutsvoll nach unten gerichtet ist, wendet Erigeron ihr sonniges Gesicht dem Betrachter offensiv entgegen und zieht mit ihrem Strahlenblätterkranz sämtliche Blicke auf sich. Sie ist dominierend und konnte als einzelne Blüte ihren Platz in diesem Strauß auch nur im Zentrum finden, exakt nach dem Goldenen Schnitt. Die Nigellablüten, obwohl ähnlich gebaut und auch weiß, sind wesentlich zurückhaltender im Ausdruck. Ihnen fehlt das gelbe Auge und der geradlinige Strahlenkranz. Wir Menschen sind sehr auf die wärmespendende Sonne fixiert, denn Blüten dieser Art empfinden wir als wohltuend und heiter.

Trespen, *Bromus*

Unter den etwa zwanzig einheimischen Trespenarten gibt es einjährige und mehrjährige Gräser. Typisch für die Trespenblüte ist die vielblütige Rispe mit langen Ästchen. Die Blattscheiden der Trespen sind verwachsen, zumindest im unteren Teil, was beim Schwingel nie vorkommt. Die Wuchshöhe der Trespen reicht von 10 cm bis 2 m. Die Dachtrespe, Taube Trespe und Waldtrespe sind weich und elegant im Ausdruck. Die Weiche Trespe, die Roggentrespe und die Aufrechte Trespe wirken leicht bäuerlich.

Standort: *Bromus sterilis* keimt am liebsten in offener Erde, auf trockenen Plätzen, oft an Straßen- und Wegrändern, Mauern und Eisenbahndämmen. Dort, wo eine geschlossene Vegetation oder eine feste Grasnarbe vorherrscht, kann sich dieses einjährige Gras schlecht durchsetzen. Man findet es in sonniger und halbschattiger Lage.
Pflücktermin: Die Taube Trespe gehört zu den frühblühenden Gräsern. Je nach Wetterlage ist sie ab Mitte Mai zu finden. Man erkennt sie auch vom fahrenden Auto aus an ihrem seidigen Glanz. Später im Juli versackt dic schwer gewordene Ähre in der nachwachsenden Vegetation. Oft sind die Halme abgeknickt oder hängen bis zum Boden herab.
Verwendung: Der junge, aufrecht stehende Blütenstand mit den leicht herabhängenden Ästchen und den langen Grannen wirkt grazil und elegant, was dem Gras viele Mög-

lichkeiten zur Verwendung eröffnet. Jeder mag es und zu vielen Kulturblumen paßt es. Am besten kommt es natürlich in offener Gestaltung zur Geltung, wo es seinen hübschen Wuchs zeigen kann. Es ist eines der wenigen Gräser, das für abfließende Brautstraußformen geeignet ist, auch bis in den Hochsommer hinein, als schwere, ohnehin schon nicht mehr anders als hängend zu verwendende Ähre. Getrocknet ist dieses Gras nur bedingt von Wert, denn wenn es leicht zu ernten ist, im Mai oder Juni, ist es noch zu jung und das getrocknete Gras knickt leicht ab. Will man später das reife Gras ernten, hat man Mühe, die durcheinander gefallenen, oft abgeknickten Halme zu fassen zu kriegen. Es verliert getrocknet sehr an Charme und ist dann eher bäuerlich in der Wirkung, so daß man es allenfalls für entsprechende Trockenblumenbinderei einsetzt.

Haltbarkeit: Die Taube Trespe ist, wie viele andere Grasblüten auch, von großer Haltbarkeit, auch ohne Konservierungsmittel und Extrabehandlung. In den Gebinden bleiben Gräser länger schön als Blumen, weil sie in den Trockenzustand übergehen und dabei ihre schöne natürliche Form behalten.

Konservierung: Man trocknet die Trespe entweder liegend oder hängt sie in Bündeln zum Trocknen auf. Am schönsten wird sie allerdings, wenn sie stehend, aber mit ein wenig Wasser an den Stielen, langsam eintrocknen kann.

Bemerkung: In frischem Zustand bringt die junge Trespe Reiz und Zauber ins Gebinde, wie kaum ein anderes Gras es vermag, und auch die ältere Ähre ist einmalig in ihrem elegischen Wesen. Nur, je älter das Gras wird, desto weniger Stiele kann man beieinander zur Geltung bringen.

Satte Pracht

Gestaltung: Dieser füllige Vasenstrauß erhielt seine besondere Note durch die ausschweifenden Bewegungen des Jelängerjelieber. Sie mit kleinen Blumen, Gräsern und großen Sommerblumen zur Geltung zu bringen, war der Gedanke. Der eigenwillige Wuchs von Zweigen läßt einem oft nicht viele Möglichkeiten, sie zu gebrauchen. Die eine wäre eine lineare Lösung mit asymmetrischer Anordnung der Blumen gewesen. Dort, wo die Zweige optisch zusammenlaufen, konnte der Schwerpunkt sein. Ausschlaggebend war schließlich aber das breite, farbige Keramikgefäß und es entstand diese gruppierte Anordnung aus einer Fülle von Wildpflanzen, durchwachsen von einigen Lupinen. Den Glanz und das Feuer erhielt das Arrangement durch die beiden purpurrosa Edelrosen. Sie sorgen für einen großen Spannungsbogen. Spannungen gibt es auch in der Mengenverteilung: viele Wildblumen und nur wenige Kulturblüten.

Technik: Die Stengel der Blumen wurden schräg aneinandergelegt. Dabei wurden die Wildpflanzen büschelweise, so wie sie geschnitten wurden, angelegt. Zuerst entstand die Hauptgruppe, dann kamen die Zweige und die Rosen dazu. Den Abschluß bildete der seitliche Tuff Kälberkropf. Der Strauß steht ungebunden im Gefäß.

Farben: Dunkles Purpurrosa, warmes, dunkles Lachsrosa, helles Gelb, Crèmegelb, Lila und Pink, Grünlichweiß, helles und mittleres Grün. Die Oberfläche des Gefäßes enthält Grün, Blau, Rot und Violett.

Aussage: Es ist die satte Pracht des Frühsommers im Höchststadium, die sich hier zeigt. Von süßen Düften umgeben, trägt die Natur jetzt ihr leichtestes Kleid mit den schönsten Grüntönen.

Satte Pracht

Hainrispengras, *Poa nemoralis*

Jelängerjelieber, *Lonicera caprifolium*

Kälberkropf, *Chaerophyllum temulum*

Kornrade, *Agrostemma*

Lupine, *Lupinus*-Hybride

Teehybrid-Rose, 'Ganjard'

Strahlenaster, *Erigeron speciosus*

Taube Trespe, *Bromus sterilis*

Wiesenplatterbse, *Lathyrus pratensis*

Inkarnatklee, *Trifolium incarnatum*

Standort: Dieser Klee wird als Futterpflanze angebaut und man trifft ihn verwildert am Straßenrand, an Böschungen, auf leichten, kalkarmen aber nährstoffreichen Böden.
Pflücktermin: In den Monaten Juni und Juli haben diese sehr schönen Kleeblüten Hochsaison.
Verwendung: Inkarnatklee, meistens leuchtend blutrot in der Farbe, kann aber auch zum Purpur spielen oder sogar gelblichweiß sein. Am aufregendsten ist natürlich der Umgang mit dem blutroten Klee, der in Kontrast zum hellen, grünen Blattwerk des Frühsommers so richtig zum Leuchten gebracht werden kann. Darum sind füllige Kompositionen, zum Beispiel mit roten Freilandrosen, vielen Gräsern und buschigem Eichenlaub, von besonderem Reiz. Einige kleine gelbe Tupfer von Hornklee dazwischen geben die Würze. Getrocknet verliert der Inkarnatklee an Leuchtkraft, behält aber ein schönes Aussehen und ist für die Trokkenblumenbinderei wegen seiner ausgefallenen Form von Interesse. Er harmoniert frisch und trocken sehr gut mit Rosen.
Haltbarkeit: Inkarnatklee ist wie alle Kleearten als Schnittblume sehr gut haltbar, verliert aber im Laufe der Tage an Farbbrillanz. Das Ankochen der Stielenden ist nicht unbedingt erforderlich, kann aber die Haltbarkeit verlängern.
Konservierung: Man hängt die vollerblühten Pflanzen in kleinen Bündeln zum Trocknen auf. Für Blütenpotpourris werden nur die Köpfchen getrocknet, ohne Stiel, in flachen Körben oder auf Papier.
Bemerkung: Viele Schmetterlingsblütler, zu denen der Klee und die Wicken gehören, sind für sommerliche Sträuße wie eine gute Soße zum Essen. Zusammen mit Gräsern und Blattwerk vermögen sie, großblumige Kulturformen oder Sommerblumen miteinander zu verweben.

Sauerampfer, *Rumex acetosa*

Standort: Wenn der Boden nach seinem Geschmack ist, recht lehmig, feucht und stickstoffreich, so vermehrt sich der Sauerampfer rasant. Manche Wiese erhält so ihren rötlichbraunen Anstrich, der besonders im Licht der Abendsonne zu glühen anfängt.
Pflücktermin: Für Salat kann man einzelne Blätter schon im zeitigen Frühjahr pflücken, sobald sie sich zeigen. Den Blütenstand entwickelt die Pflanze im Mai. Im Juni und Juli

kann man dann schon den Samenstand pflücken.
Verwendung: Auf den ersten Blick wirkt die Pflanze sehr rustikal, bietet sich aber auf den zweiten Blick mit ihrem Anklang zum Apricotfarbenen auch für eigenwillige Kombinationen zusammen mit Terrakotta an und legt mit ihrem aufstrebenden Wuchs eine herbe Eleganz an den Tag. Kombinationen mit Lilien, die in der Farbe der Staubgefäße mit dem Rumex korrespondieren, sind schön. Ebenso Ingwerblüten. Sie haben einen schuppigen Blütenaufbau, der in Parallelität mit dem schuppig wirkenden Samenstand des Sauerampfers eine Harmonie bildet. Als Ergänzung sind Bärengras und elegante Grasblüten, wie die Waldtrespe oder das Waldflattergras und die Rasenschmiele geeignet. Man sollte mit dem Sauerampfer experimentieren. Er ist für liebliche Gebinde wie das Salz in der Milchsuppe und ist den schweren Blütenformen ein graziler Partner. Der getrocknete Samenstand ist für die Trockenblumenbinderei und auch vergoldet für die Weihnachtsbinderei brauchbar.
Haltbarkeit: Sehr jung und knospig geschnitten, macht die Blüte manchmal schlapp. Ansonsten kann man Sauerampfer zu den sehr haltbaren Schnittpflanzen zählen.
Konservierung: Nur der halbreif geschnittene Fruchtstand verliert getrocknet seine Samen mit Sicherheit nicht. Man kann Büschel zum Trocknen aufhängen oder auf dem Trockenboden auslegen.
Bemerkung: Im Atlas der Gefäßpflanzen werden über zwanzig Sauerampferarten beschrieben. Besonders schön wegen seines Farbspiels und Formenreichtums ist der kleine Sauerampfer. Für Kombinationen mit Sonnenblumen, Rudbeckien und Chrysanthemen-Arten bieten sich großwüchsige Ampferarten, oft noch in zweiter Blüte bis in den späten Herbst, zur Verwendung an. Übrigens gehört der Ampfer zu den Windblütlern und erzeugt somit eine Menge Pollen. Heuschnupfenanfällige sollten dies wissen. Mit vierhundert Millionen Pollenkörpern pro Blüte zählt *Rumex acetosa* zu den Spitzenreitern unserer Flora.

Starke Charaktere

Gestaltung: Innerhalb einer Gestaltung findet immer ein Kräftemessen statt. Bewußt ordnet man eine Blume der anderen unter oder über oder setzt sie einander gleich. In dieser linearen Gestaltung stehen sehr starke Charaktere eleganter Prägung beieinander. Sie haben fast alle einen hohen Geltungsanspruch, so daß sie auch einzeln ohne viel darum herum hätten stehen können. Allein ihre unterschiedliche Wuchsform macht ein Miteinander im Einklang möglich. Hier findet die Harmonie ihre Vollendung im Farbspiel mit der irisierenden Glasur der Vase.
Technik: Der Strauß wurde in der Hand gestaltet und ungebunden ins Gefäß gestellt.
Farben: Purpurrosa, weißliches Rosa, grünliches Weiß, Crème, helles und mittleres Grün. Die Glasur des Gefäßes ist graubunt irisierend.
Aussage: Denkt man sich die Lilien einmal weg, hat man eher eine lichte Stimmung frühsommerlicher Natur in graziler Eleganz. Erst die Lilie bringt die, den Lilien oft beiwohnende Melancholie ins Geschehen.
Hinweis: Bei den Gräsern bieten sich jetzt die Taube Trespe und der Glatthafer aus sonniger Lage sowie das Waldflattergras und die sehr großwüchsige Waldtrespe aus dem Schattenbereich für die eleganten Gestaltungen an.

Starke Charaktere

Bergwaldrebe, *Clematis montana* 'Rubens'

Efeu-Gundermann, *Glechoma hederacea*

Gewöhnlicher Schneeball, *Viburnum sterilis*

Großblumige Waldrebe, *Clematis* 'Henryi'

Orientlilie, *Lilium* 'Laura'

Taube Trespe, *Bromus sterilis*

Vielblütige Weißwurz, *Polygonatum multiflorum*

Gemeine Weißwurz oder Salomonssiegel, *Polygonatum odoratum*

Standort: In Norddeutschland wächst Salomonssiegel oft in Knicks, denn die Pflanze liebt halbschattigen Standort. Kalkhaltig sollte der Boden auch sein, humos und nicht zu fest. *Polygonatum odoratum* gedeiht auf Löß-, Lehm- und Sandböden, in Laubmischwäldern oder in Kiefernwäldern.
Pflücktermin: Der Salomonssiegel ist sehr schnellwüchsig und nach einigen warmen Tagen im Mai schon zu finden. Er blüht bis in den Juni hinein.
Verwendung: Je nach Bodenverhältnissen bringt der Salomonssiegel große, blütentragende Stiele oder auch kleine Stiele ohne Blüten hervor. Große Exemplare sind unbedingt solitär zu verwenden. In eleganter Kombination mit Lilien sind sie am schönsten. Denkbar sind auch barocke, üppige Vasenfüllungen oder Gestecke mit anderen altertümlich wirkenden Blüten. Will man nur ihr Wesen zur Geltung bringen, kombiniert man einige wenige Stiele mit Waldflattergras in einer Glasvase. Kleine, blütenlose Exemplare dieser Art können als Blattmanschette verwendet werden und betonen die elegante Note. Auch in Gestecken ist das Blattwerk mit seinem gebogenen Wuchs vornehm. Man verwende es sparsam.
Haltbarkeit: *Polygonatum odoratum* ist außerordentlich haltbar. Man sollte aber bei blütentragenden Exemplaren die Stiele anbrühen.
Konservierung: Die Pflanze kommt für Konservierungszwecke nicht in Frage.
Bemerkung: Nach König Salomon wurde dieses duftende Liliengewächs benannt und wird als die geheimnisvolle Springwurz gedeutet, die in der Johannisnacht blüht. Sie konnte Felsen öffnen und Schlösser sprengen. Pferdehufe springen ab und Sensen zerschellen, wenn sie mit ihr in Berührung kommen. Verwechseln kann man die duftende Weißwurz mit der nicht duftenden, vielblütigen Weißwurz. Beide Arten sind giftig und bilden rote, kugelige Früchte aus, die später schwarz werden.

Aus der Biedermeierzeit

Gestaltung: Aus der Biedermeierzeit stammt die Inspiration zu dieser Gestaltungsidee mit den Bartnelken. Dazu steht der Strauß auch auf einem Nähtischchen aus jenen Tagen. Aber dann hat der Zeitgeist von heute sich eingeschlichen. Hirtentäschelblüten schlängeln aus der geschlossenen runden Form wie Zungen hervor und die aufstrebende V-Form der Vase setzt die Bewegung fort. Durch die großen Marantenblätter wird ein wenig Eleganz hineingegeben.
Technik: Der gebundene Strauß wurde in üblicher Bindeart angefertigt.
Farben: Gedeckte Rosa und Rottöne, helles, mittleres und dunkles Grün und ein wenig Weiß. Die Oberfläche des Gefäßes ist ziegelrot mit dunkler Äderung.
Aussage: Die strenge Form des Gebindes und das fremde Wesen der Marantenblätter bestimmen die Stimmung. Der frühsommerliche Charme der zarten Blüten kommt nicht zum Tragen. Man zeigt sich ernst und zugeknöpft.
Hinweis: Manchmal ist es schön, einem Blumengebinde auf dem Tisch, Regal oder der Kommode etwas beizuordnen. Harmonisch wird es aber nur dann, wenn man die Gesamtkomposition im Auge behält. Der Gegenstand muß eine Beziehung zum

Gebinde haben. Es muß verbindende Elemente, Gleiches geben. Die alte Lackdose auf dem Nähtischchen bringt eine Parallelität in der Altertümlichkeit mit, zeigt in der Deckelbemalung eine Struktur, wie die der Marantenblätter, und trägt den Farbton des Storchenschnabels. Die Form des Storchenschnabels findet sich in der Oberflächenstruktur der Vase wieder.

Hainrispengras en masse

Gestaltung: Die duftige Erscheinung des Hainrispengrases wird in dieser Vasenfüllung massiv zum Ausdruck gebracht. Gleichzeitig sind die Gräser eine Art Bühne für den Auftritt der zarten Blüten, die den Schwerpunkt der Gestaltung eindeutig festlegen. Sie bestimmen auch die Gefäßwahl, denn man sieht, die Maße des Goldenen Schnittes schließen die Gräser einmal wieder aus. Für sie gelten andere Regeln, auch in der Masse. Das Farbspiel bietet zum einen den starken Rot-Grün-Kontrast, als gegensätzliche Komponente wirken zum anderen die Rosa-Lilatöne, die sich aus der Mischung von Rot und Blau ergeben. Zur Abrundung der Gestaltung spielen die bizarren Grasblätter des Reitgrases eine wesentliche Rolle. Sie sind das pflanzliche Element, das die Verbindung zum Topf herstellt.
Technik: Das Hainrispengras wurde in die Hand genommen, wie es geschnitten wurde. Bei der längeren Blume beginnend, wurde die Gestaltung nach unten hin abgerundet. Die Stiele stehen zusammengebunden im Gefäß.
Farben: Helles und mittleres Grün, Zartlila- und Zartrosatöne und weiches Weinrot. Das Gefäß ist zinnoberrot und preußischblau.
Aussage: Das Gebinde spricht von Leichtigkeit und Zartheit, gepaart mit der Dynamik des Frühsommers. Die alte Rose 'Veilchenblau' von 1909 und die aufstrebende Gestalt des Arrangements tragen ein wenig Jugendstilcharakter in sich.
Hinweis: Frühsommerzeit ist Gräserzeit und es sind die leichten Formen, die jetzt in Blüte stehen. Man kann sie ganz zart und zierlich einzeln oder zu mehreren und dann abgestuft zwischen Blüten bringen und sie über diese hinausspielen lassen. Schön ist es

Hainrispengras en masse

Berg-Waldrebe, *Clematis montana* 'Rubens'

Knäuelgras, *Dactylis glomerata*

Hainrispengras, *Poa nemoralis*

Reitgras, *Calamagrostis*

Rose, 'Veilchenblau'

Waldziest, *Stachys sylvatica*

Zitronenstorchen-schnabel, *Geranium macrorrhizum* 'Spessart'

Linke Seite:

Aus der Biedermeierzeit

Bartnelken, *Dianthus barbatus*

Hirtentäschel, *Capsella bursa-pastoris*

Maranta, *Calathea makoyana*

Steinkraut, *Alyssum saxatile* 'Citrina'

Zitronenstorchen-schnabel, *Geranium macrorrhizum* 'Spessart'

Rechte Seite:
Wolliges Honiggras und Kupferkanne

Kleine Wicke, *Vicia lathyroides*

Wiesenkerbel, *Anthriscus sylvestris*

Wolliges Honiggras, *Holcus lanatus*

auch immer, eine große Menge einer Art ins Gefäß zu stellen. Von großem Reiz sind auch gemischte Grassträuße. Jedoch bedenke man immer, daß Gräser ihre Blütenrispen an einem langen Stiel tragen, der sie im Wind bewegt. Stellt man sie also kurzstielig ein, sind sie in ihrer Schönheit und Eleganz beschränkt.

Hainrispengras, *Poa nemoralis*

Standort: Man könnte das Hainrispengras auch Knickgras nennen, denn es gehört zu den Pionierpflanzen, die den nackten Knickwall nach dem Abholzen der Sträucher, was alle fünfzehn bis zwanzig Jahre geschieht, sofort bewachsen. Es liebt trockenen Boden und hat damit wenig Konkurrenz zu befürchten. Wie mit einem Fell bewachsen, sehen einige Knickwälle aus, wenn *Poa nemoralis* in Blüte steht. Auch in lichten Laubwäldern und Parks kann man das 50 bis 80 cm hoch werdende Gras antreffen. Es ist weit verbreitet.
Pflücktermin: Das Gras blüht im Juni. Der Samenstand kann im Juli gepflückt werden.
Verwendung: Die Grasblüten gehören zu den lieblichsten Gräsergestalten unseres Breitengrades. Es umschmeichelt erste Rosenblüten des Frühsommers und den zarten Mohn. Solitär verwendet, ist es von flauschiger Fülle. Getrocknete Grasblüten sind im Winter und Frühling vielseitig verwendbar.
Haltbarkeit: Ein Gras, das viel Trockenheit verträgt, ist als Schnittpflanze unempfindlich.
Konservierung: Legt man Wert auf eine offene Rispe in getrocknetem Zustand, muß das Gras stehend in etwas Wasser getrocknet werden. Möchte man es sehr geradstengelig mit geschlossener Blütenrispe, wird es aufgehängt. Halb oder ganz geschlossene Blütenrispen mit leicht gebogenem Stiel erhält man, wenn das Gras an die Wand gelehnt oder stehend getrocknet wird.

Ein Graskranz

Hainrispengras, *Poa nemoralis*

Ein Graskranz

Gestaltung: Einen Versuch, das Flauschige des Hain-Rispengrases einzufangen, demonstriert dieser reine Graskranz. Er wurde sehr füllig gebunden mit dem Blick auf das Einschrumpfen beim Trockenvorgang.
Technik: Als Unterlage dient ein Drahtring, der mit den abgeschnittenen Stielen des Grases etwa 2 cm dick bewickelt wurde. Danach wurden die Gräser in kleinen Büscheln dachziegelartig auf dem Graswulst

angeordnet und zwischendurch mit feinem Bindedraht festgewickelt.
Farben: Helles Graugrün, etwas silbrig glänzend.
Aussage: Das helle Grün und das flauschige Wesen des Grases tun der Seele wohl und schmeicheln dem Auge.
Hinweis: Gras- und Wildpflanzenkränze lassen sich frisch am besten binden. Man trocknet sie dann liegend und möglichst schnell. Es besteht immer die Gefahr, daß es im dicken Kranzwulst zu schimmeln und faulen beginnt. Kleine Kränze lassen sich im Backofen bei 50 Grad trocknen. Die Tür sollte leicht geöffnet sein. Nach dem Trokkenvorgang muß der Bindedraht auf der Kranzrückseite nachgezogen werden, damit das Gebinde nicht auseinanderfällt.

Wolliges Honiggras und Kupferkanne

Gestaltung: Das Gesteck wurde wuchshaft gestaltet. Was bedeutet, daß die Pflanze ihrem natürlichen Wuchs entsprechend wieder zur Geltung gebracht wurde. Gräser, die in Horsten wachsen, sollten entsprechend zahlreich und kompakt parallel angeordnet werden. Das Typische der Pflanze darf nicht verfälscht werden. Außerdem muß man auf Pflanzengemeinschaften achtgeben. Wiesenkerbel, Honiggras und die Wicke wuchsen beieinander. Also harmonieren sie auch in der Gestaltung. Sand und Steine in der Schale verdecken die Steckhilfe und verdichten den natürlichen Charakter. Parallelitäten im Arrangement wurden durch das Farbenspiel gegeben. Die nötige Spannung erhielt es durch den Gegensatz von hart und blank zu wollig und weich.

Technik: Die Pflanzen wurden in Steckmasse gestellt. Anschließend wurde das Gefäß mit gewaschenem Sand, Steinen und Wasser aufgefüllt.
Farben: helles, graues Grün, Kupfer, Beigebraun, Eierschale sowie Sand- und Erdtöne. Das Gefäß ist aus Kupfer.

Aussage: Es ist ein Ausdruck kultivierter Ländlichkeit, den das Unkraut hier vermittelt. Durch die relative Vereinzelung der Pflanzen geht der Charakter des Wilden, Unbezähmbaren verloren.
Hinweis: Dieses Arrangement liegt an der Grenze dessen, was man als vegetative Gestaltung bezeichnen kann. Ebenso gut bildet es den Anfang zum Bereich der linearen Gestaltungen.

Wiesenkerbel, *Anthriscus sylvestris*

Standort: Der Wiesenkerbel ist ein Stickstoffanzeiger und tritt dort, wo es auch noch feucht genug ist, massenhaft auf. In manchen Gegenden sind Straßen und Wege von Wiesenkerbelwolken gesäumt. Ein hübscher Anblick.
Pflücktermin: *Anthriscus sylvestris* sprießt schon recht früh im Jahr und bietet für erste Frühlingsblumensträuße aus dem Freiland sein gefiedertes Blattwerk an. Die Blüte ist meistens in der ersten Maihälfte soweit, daß man sie schneiden kann. Dieser Zeitpunkt ist dann gegeben, wenn sämtliche Haupttriebe ihre Blütendolden entfaltet haben. Sehr junge und knospige Blütenstände entfalten sich nicht gut und werden schnell schlapp.
Verwendung: In der Freude über die beginnende warme Jahreszeit, die der erste Doldenblütler Wiesenkerbel mit einer Flut kleiner, aufgespannter Sonnenschirme einläutet, läuft man Gefahr, jeden Strauß mit dem duftig wirkenden, weißen Kraut zu verzieren. Die Gefahr ist groß, denn Wiesenkerbel gibt es in Hülle und Fülle und er paßt auch so wunderbar in den erwachenden Frühsommerflor hinein. Heiterkeit und Leichtigkeit sind angesagt. Luftige, leichte, offen gebundene Sträuße mit natürlichem Charme werden gewünscht und gebunden mit Wiesenkerbel und Gräsern. Der Charakter von *Anthriscus* ist von einer Lieblichkeit ohne die Verspieltheit und Süße, wie wir es vom Schleierkraut kennen. Seine lineare Wuchsform mit den Verzweigungen ist gut für graphisch gehaltene Gebinde geeignet. Man kann ihn leicht umspielend einsetzen oder auch ganz kurz schneiden und den Blütenteller der Dolde in der Daraufsicht für rundgebundene Sträuße einsetzen. Man sollte ihn nicht als Füller zwischen andere Blüten stopfen, dann verliert er sein zartes, filigranes Wesen.
Haltbarkeit: Die jungen Wiesenkerbelblätter sind gut haltbar, wenn man sie beim Abbinden nicht einschnürt, sondern nur locker in Wasser einstellt. Auch die Blütenstände, sogar sehr große, verzweigte, langstielige Exemplare, halten sich gut als Schnittpflanze. Das Ankochen ist bei relativ jungen Exemplaren ratsam.
Konservierung: Von einem Trocknen der Blüten kann man absehen. Sie fallen in sich zusammen und sehen nach nichts mehr aus. Hübsch sind gepreßte Blütenstände, sie erinnern an feine Klöppelarbeiten. Für die Trockenblumenbinderei und besonders zum Vergolden sind die Fruchtstände brauchbar. Sie dürfen nicht vollreif geerntet werden, damit die Samen nicht abfallen. Man trocknet sie liegend, hängend oder stehend mit wenig Wasser in der Vase.
Bemerkung: Es gibt viele weiße Doldenblütler ähnlicher Wuchsform, die der Laie oft unter Schafgarbe subsummiert. Darunter sind Kerbelsorten, die mit diversen Arten wie Kälberkropf, Giersch, Engelwurz, Schierling, Kümmel, Bibernelle, Koriander, Möhre, Fenchel oder Petersilie, Scharfgarbe und Bärenklau verwechselt werden können.

Es gibt viele verschiedene weißblühende Doldengewächse, die aber alle recht gut und brauchbar für die Binderei sind und sich wunderbarerweise in der Blütezeit von Frühling bis Herbst aneinanderreihen. Der Wiesenkerbel beginnt den Reigen und kommt sehr häufig vor.

Gemeiner Beinwell, *Symphytum officinale*

Standort: Die mehrjährige, großwüchsige Staude braucht stickstoffhaltigen Boden und viel Feuchtigkeit, um ihre große Blattmasse aufzubauen. An Gräben, Ufern, Wegen, auf Schuttplätzen, wenn es nur feucht genug ist, ist sie zu finden. Die Blütenfarbe geht von Gelblichweiß über Altrosa zu Violett.
Pflücktermin: Zur Blütezeit, von Mai bis August, kann man Beinwell schneiden.
Verwendung: Wie andere Borretschgewächse auch, eignet sich Beinwell für Sommerblumensträuße. Seine altertümliche Ausstrahlung bietet Verwendungsmöglichkeiten in dieser Ausrichtung. Besonders schön sind Kombinationen mit alten Rosen in üppig fülliger Gestaltungsart.
Haltbarkeit: Borretschgewächse sind sehr haltbare Schnittpflanzen, wenn die Stengel nicht zu lang sind und die zu versorgende Pflanzenmasse nicht zu groß ist. Das Ankochen der Stiele ist erforderlich.
Konservierung: Getrockneter Beinwell ist uninteressant. Sehr schön dagegen läßt sich der Blaue Natternkopf, auch ein Borretschgewächs, trocknen. Er gibt das im Trockenblumenbereich so begehrte, seltene Blau.
Bemerkung: Dem Beinwell, auch Comfrey genannt, werden vielerlei heilende Eigenschaften nachgesagt. Sein Name deutet auf eine positive Wirkung für die Beine hin.

Der Sommerstrauß

Gestaltung: Der Urtyp des Sommerstraußes, wildgewachsen wohlbemerkt, enthält roten Klatschmohn, blaue Kornblumen, weiße Margeriten, Gräser und Getreide.
Dieser Strauß ist ein wenig abgewandelt, wirkt nicht ganz so traditionell durch seine etwas andere Farbgebung und seine Vielfalt. Er hat aber durch seinen gleichförmigen Aufbau ähnlich naive Züge. Die Blumen stehen ihrem Geltungsanspruch entsprechend, gleichrangig nebeneinander und bilden eine gleichmäßige Kugelform. Nur die Gräser ragen ein wenig hervor.
Technik: Der Strauß wurde nach üblicher Art gemacht und mit Bast gebunden.
Farben: Kornblumenblau, Weiß, Gelb und Orangetöne, weiches Weinrot, Eierschale, Lavendelblau, helles Grün, mittleres und graues Grün. Das Gefäß trägt eine Bemalung aus Dunkelrot, Dunkelgrün und Dunkelblau.
Aussage: Der Strauß ist voll ungetrübter frühsommerlicher Lebensfreude, Kraft und Heiterkeit und wäre durch andere Blumen in seiner Stimmung nicht zu übertreffen.
Hinweis: Eigentlich gehört der wilde Klatschmohn in einen solchen Strauß hinein. Leider bringt seine geringe Haltbarkeit für den gewerblichen Betrieb Probleme mit sich.

Waldziest, *Stachys sylvatica*

Standort: In halbschattigen Lagen auf lockerem, stickstoffreichem und grundwasserfeuchtem Boden wächst der Waldziest. Er kommt häufig vor.
Pflücktermin: *Stachys sylvatica* ist ein Sommerblüher. Von Juni bis September kann er geschnitten werden.
Verwendung: Der Waldziest trägt ein wenig Wurzelmännchencharakter in sich, was ihn auf wildhafte Gestaltungen mit viel Gras und Geheimnis festlegt. Auch seine Farbe, ein dunkles Braunrot, verlangt Fingerspitzengefühl im Umgang. Feinsinnige Kompositionen in gedeckten Tönen lassen sich mit dieser auch vom Wuchs her interessanten Pflanze arrangieren. So ist auch der samentragende Ziest mit seinem schönen Blattwerk attraktiv, besonders für lineare Gestaltungen oder im Sinne von Bindegrün in fülligen Sträußen und Gestecken. Auch der getrocknete Samenstand ist vielseitig brauchbar.
Haltbarkeit: Der Waldziest ist eine sehr haltbare Schnittblume. Das Ankochen der Stielenden ist nicht erforderlich, aber der Haltbarkeit förderlich.
Konservierung: Beim Ziest ist nur der getrocknete Samenstand interessant, von der Blütenfarbe bleibt beim Trockenvorgang kaum etwas übrig.
Bemerkung: Dem Waldziest ähnlich sind der Deutsche Ziest, der Sumpfziest und der Alpenziest. Sie haben etwas andere Blühzeiten als der Vetter.

Glatthafer, *Arrhenatherum elatius*

Standort: Im Verband mit Wiesenkerbel säumt das hohe Gras viele Straßenränder. Das mehrjährige Gras wächst auch auf Wiesen und in lichten Laubwäldern.
Pflücktermin: Wegen seiner Großwüchsigkeit hat der Glatthafer manchmal schon in der zweiten Aprilhälfte lange Blätter ausgebildet. Da das Gras Horste bildet, läßt es sich vorzüglich schneiden. Die Blütezeit beginnt Anfang Juni und dauert etwa sechs Wochen. Nach der Mahd bildet das Gras

Linke Seite:
Der Sommerstrauß

Gerste, *Hordeum*
Glatthafer, *Arrhenatherum elatius*
Hainrispengras, *Poa nemoralis*
Islandmohn, *Papaver nudicaule*
Kamille, *Chamomilla*
Katzenminze, *Nepeta*
Knäuelgras, *Dactylis glomerata*
Kornblume, *Centaurea cyanus*
Margeriten, *Leucanthemum vulgare*
Raps, *Brassica napus*
Ringelblume, *Calendula*
Schafgarbe, *Achillea*
Taube Trespe, *Bromus sterilis*
Waldziest, *Stachys sylvatica*
Weizen, *Triticum*
Wiesenkerbel, *Anthriscus sylvestris*
Zitterlinse, *Vicia hirsuta*

Rechte Seite:
Bienenweide – eine Augenweide

Hainrispengras, *Poa nemoralis*

Kälberkropf, *Chaerophyllum*

Bienenweide, *Phacelia*

Sternmiere, *Stellaria*

Rechte Seite:
Das Küchensträußchen

Gerste, *Hordeum*

Kamille, *Chamomilla*

Kornblume, *Centaurea cyanus*

Margeriten, *Leucanthemum vulgare*

erneut Blüten aus, so daß man oft noch im Spätsommer Glatthafer verwenden kann.
Verwendung: Das Gras kann bis 1,20 m hoch werden und bildet eine 25 cm lange, schlange Rispe aus. Diese Gestalt läßt eine Verwendung für langstielige, elegante Gebinde zu, besonders in Kombination mit Bärgras als ausschwingendem Element. Mit geöffneter Blüte wirkt das Gras rustikaler als jung in Knospe oder nach der Blüte im Samenstand. Es hat einen stark aufstrebenden Charakter ohne Verspieltheit und Lieblichkeit. Auch getrocknet ist es sehr gut verwendbar.
Haltbarkeit: Es ist ein stabil gebautes und sehr haltbares Gras, auch schon in jungem Stadium.
Konservierung: Man trocknet es wegen seiner Länge und seines aufstrebenden Charakters am besten hängend oder liegend zur Zeit der Hauptblüte oder kurz davor im Knospenstadium.
Bemerkung: Glatthafer ist getrocknet eines der meist gebrauchten Gräser, da seine elegante Art sich mit dem meist großblumigen Wintersortiment leicht kombinieren läßt.

Bienenweide – eine Augenweide

Gestaltung: Der Vasenstrauß ist in seiner Grundform halbkugelförmig und geschlossen, läßt aber das Herausspielen einzelner Doldenblüten und Gräser zu. Strauß und Gefäß stehen im Farbgleichklang.
Technik: Die Stielenden wurden wie üblich schräg aneinandergelegt und mit Bast zusammengebunden. Die Blühpflanzen wurden einzeln, die Gräser zu mehreren aneinandergelegt.
Farben: helles Lavendelblau, helles Grün, mittleres Grün und Eierschale. Die Glasur des Gefäßes ist von hellem Lavendelblau, hellem Grün mit einem leicht violetten Anflug.

Aussage: Die Leichtigkeit der Jahreszeit und die Weite des blauen Sommerhimmels sprechen aus diesem Strauß. Ruhe und Frieden liegen in der Farbe Blau, die der Frühsommer in Gestalt so vieler Blumen zum Ausdruck bringt.
Hinweis: Bienenweide, oder auch Bienensaug genannt, wird als Gründüngung eingesät. Ein blühendes Feld Phacelia ist wie der Himmel auf Erden, ein faszinierender Anblick.

Das Küchensträußchen

Gestaltung: Das Bild zeigt ein kleines Feldblumengebinde auf dem Küchenbord in Augenhöhe. Damit man den Ausdruck der Blüten genießen kann, wurden ihre Gesichter dem Betrachter zugeneigt. Die Proportionen vom Strauß zur Vase wurden wegen des erhöhten Standortes verkehrt. Seitlich Herausragendes und Herabhängendes schafft die Verbindung zum Gefäß und zum Betrachter. Das klare Kornblumenblau kommt unverschnörkelt zum Ausdruck.
Technik: Die Pflanzen wurden etwa gleichlang angeordnet, parallel in der Hand gefaßt und dann ungebunden ins weithalsige Gefäß gestellt und dem Betrachter zugeneigt.
Farben: Kornblumenblau, Gelb, Weiß und helles Grün. Das Gefäß ist grau mit preußischblauer Bemalung.
Aussage: Der Gesamtausdruck dieser Gestaltung ist als schlicht und ergreifend zu bezeichnen. Denn auch klare Einfachheit kann bestechend sein. Der Standort und das Umfeld stehen mit dem Gebinde in untrennbarer Wechselwirkung.
Hinweis: Gestaltungen mit Kornblumen und den freundlichen Kindergesichtern der margeritenblütigen Blumen sollten nicht hochdekoriert werden. Man erhalte ihnen die Unschuld.

Kornblume, *Centaurea cyanus*

Standort: Kornblumen mögen nährstoffreiche, lockere Böden, also Ackerland. Zwischen Raps und Rüben wachsen sie allerdings genau so gut wie zwischen Getreide.
Pflücktermin: Kornblumen haben eine längere Blütezeit als Mohn, mit dem sie so gern zusammen gesehen werden. Blühende Kornblumen trifft man den ganzen Sommer hindurch an.
Verwendung: Kornblumen sind schön in Kombination mit anderen kleinblütigen Sommerblumen, Wildblumen, Gräsern und Getreide. Auch im Gemisch von Bauerngartenblumen ohne Gräser sind sie gern gesehen. Kornblumen verkörpern ganz stark den Sommer unserer Breitengrade mit seinen typischen Attributen.
Schön für die Trockenblumenbinderei ist der sternförmig aufgesprungene Samenstand.
Haltbarkeit: Kornblumen sind von recht guter Haltbarkeit, wenn sie kurz nach dem Aufblühen geschnitten werden. Knospig geschnittene Kornblumen entwickeln sich schwächlicher, knicken leicht um und sind blasser. Das Ankochen der Stielenden ist ratsam.
Konservierung: Die getrockneten Blüten schrumpfen sehr und verlieren schnell an Farbe, besonders bei feuchter Herbstluft auf dem Trockenboden. Interessant sind die sternförmigen Samenstände mit ihrem leich-

ten Goldschimmer. Man kann sie im Spätsommer pflücken, eventuell ganze Pflanzen abschneiden und zum Trocknen aufhängen. Bemerkung: Kornblumen waren ein häufiges Ackerunkraut, bevor Spritzmittel der Pflanzenvielfalt auf dem Acker ein Ende bereiteten. Inzwischen beginnt man zu merken, daß Monokulturen nicht der Weisheit letzter Schluß sind.

Wildrosenblüte

Gestaltung: Juni ist der Rosenmonat. Es ist die Zeit, wenn stachelige Wildrosen ihre wunderbar zarten Blütenknospen öffnen und mit ihrer stärksten Verführungskraft, ihrem Duft, die Aufmerksamkeit auf sich lenken. In seiner äußeren Form ist dieses Arrangement einem Wildrosenbusch nachempfunden. Ungezügelt, üppig überquellend, dabei jedoch von grazilem Reiz und lieblicher Anmut. Die Zweige wurden ihrer ursprünglichen Wuchsform entsprechend angeordnet. Farblich wird das Gesteck von den verschiedenen hellen Grüntönen getragen, verdichtet seinen Liebreiz jedoch durch die Pastellfarben. Crèmeweiß, helles Gelb, Elfenbein und helles Zartrosa mit einem Hauch von Bronze durchziehen das grüne Dickicht mit ihrem Blütenzauber.
Technik: Um den natürlichen Wuchs dieser Zweige zum Ausdruck bringen zu können,

Wildrosenblüte

Frauenmantel, *Alchemilla*

Geschlängelte Schmiele, *Deschampsia flexuosa*

Jelängerjelieber, *Lonicera caprifolium*

Kleinblumige Wildrose, *Rosa multiflora*

Taube Trespe, *Bromus sterilis*

Weiße Rose, 'Jack Frost'

Wiesenlabkraut, *Galium mollugo*

bot sich Steckmasse als bester Helfer an. Man läßt sie einige Zentimeter über den Gefäßrand hinausragen und hat so die Möglichkeit, seitlich ausladende oder sogar herabhängende Zweige mit Wasser zu versorgen. Der Korb wurde mit dicker Folie ausgekleidet.

Farben: helles, mittleres und graues Grün, Crème, helles Gelb, helles Zartrosa, Elfenbein und Bronze. Das graue Korbgeflecht erscheint weiß überpudert.

Ausdruck: Die Wildheit der Rosen wurde gezähmt und zu einem märchenhaften Ausdruck gebracht, der das Zimmer obendrein noch mit süßen Düften verklärt.

Hinweis: Einzelne Wildrosenblüten halten sich nicht sehr lange. Knospenbesetzte Zweige entfalten jedoch noch viele Blüten, so daß man den Reiz der Ungefüllten auch im Zimmer genießen kann. Die Geschlängelte Schmiele ist eines der schönsten Gräser zu Rosenblüten.

Schnittblumen im Frühsommer

Blütenzweige

Alpenrosen und Azaleen, *Rhododendron*
Deutzie, *Deutzia*
Flieder, *Syringa*
Französische Tamariske, *Tamarix gallica*
Goldregen, *Laburnum*
Jelängerjelieber, *Lonicera caprifolium*
Kolkwitzie, *Kolkwitzia*
Lavendel, *Lavandula angustifolia*
Perückenstrauch, *Cotinus coggygria*
Pfeifenstrauch, *Philadelphus*
Salbei, *Salvia officinalis*
Schneeball-Arten, *Viburnum plicatum, V. opulus*
Schwarzer Holunder, *Sambucus nigra*
Sommerflieder, *Buddleja*
Spierstrauch, *Spiraea*
Waldrebe, *Clematis*
Weigelie, *Weigela*
Wildrosen-Arten, *Rosa canina, R. gallica, R. arvensis, R. glauca, R. sempervirens, R. micrantha, R. pendulina, R. pimpinellifolia, R. rugosa, R. villosa, R. multiflora*

Stauden

Akelei, *Aquilegia*
Aster-Arten, *Aster tongolensis, A. alpinus*
Bergflockenblume, *Centaurea montana*
Ehrenpreis, *Veronica gentianoides*
Frauenmantel, *Alchemilla*
Garben-Arten, *Achillea*
Geißbart, *Aruncus dioicus*
Glockenblumen-Arten, *Campanula lactiflora, C. latifolia, C. persicifolia, C. pyramidalis*
Hundskamille, *Anthemis*
Iris, diverse Arten und Sorten
Jakobsleiter, *Polemonium caeruleum*
Lauch-Arten, *Allium aflatunense, A. christophii, A. giganteum*
Lavendel, *Lavandula angustifolia*
Lupine, *Lupinus*-Hybriden
Margerite, *Leucanthemum vulgare*
Nelkenwurz, *Geum coccineum*
Rittersporn-Arten, *Delphinium grandiflorum, D. nudicaule*
Spornblume, *Centranthus ruber*
Storchenschnabel, *Geranium macrorrhizum* 'Spessart'
Taglilien, *Hemerocallis*, diverse Sorten
Tränendes Herz, *Dicentra spectabilis*

Ein- und zweijährige Sommerblumen

Bartnelke, *Dianthus barbatus*
Fingerhut, *Digitalis purpurea*
Islandmohn, *Papaver nudicaule*
Jungfer im Grünen, *Nigella damascena*
Klarkie, *Clarkia*
Kornblume, *Centaurea cyanus*
Kornrade, *Agrostemma githago*
Levkoje, *Matthiola incana*
Ringelblume, *Calendula officinalis*
Schleierkraut, *Gypsophila elegans*
Schleifenblume, *Iberis umbellata*
Sommermalve, *Lavatera trimestris*
Wohlriechende Wicke, *Lathyrus odoratus*

Standard und Importe

Freesien, alle Farben
Gerbera, rosa, crème, hellgelb, weiß
Inkalilien, rosa, rot, lachs, *Alstroemeria*
Lilien, rosa und weiß
Nelken, helle Farben, *Dianthus*
Nerine bowdenii
Rosen, alle Farben
Schwertlilien, gelb, weiß, hellbau, *Iris*

Beiwerk im Frühsommer

Wildpflanzen

Ackerwinde, *Convolvulus arvensis*
Ampfer-Arten, *Rumex obtusifolius, R. conglomeratus, R. acetosella, R. acetosa, R. crispus*
Blutweiderich, *Lythrum salicaria*
Echtes Johanniskraut, *Hypericum perforatum*
Löffelkraut, *Cochlearia officinalis*
Erdrauch, *Fumaria officinalis*
Hornklee, *Lotus corniculatus*
Leimkraut, *Silene vulgaris*
Natterkopf, *Echium vulgare*
Seifenkraut, *Saponaria officinalis*
Gilbweiderich, *Lysimachia vulgaris*
Giersch, *Aegopodium podagraria*
Hundspetersilie, *Aethusa cynapium*
Kleiner Odermenning, *Agrimonia eupatoria*
Klee-Arten, *Trifolium pratense, T. medium, T. arvense, T. incarnatum*
Kleine Bibernelle, *Pimpinella saxifraga*
Knöterich-Arten, *Polygonum minus, P. persicaria*
Lichtnelken-Arten, *Melandrium silvestre, M. album*
Moschus-Malve, *Malva moschata*
Oregano, *Origanum vulgare*
Pastinak, *Pastinaca sativa*
Schierlings-Reiherschnabel, *Erodium cicutarium*
Schutt-Kresse, *Lepidium densiflorum*
Steinklee-Arten, *Melilotus alba, M. officinalis*
Vogelwicke, *Vicia cracca*
Weidenröschen-Arten, *Epilobium angustifolium, E. hirsutum, E. parviflorum, E. montanum, E. roseum, E. palustre*
Wiesen-Bärenklau, *Heracleum spondylium*
Wiesenlabkraut, *Galium mollugo*
Wiesen-Storchenschnabel, *Geranium pratense*
Wilde Engelwurz, *Angelica sylvestris*
Wilde Möhre, *Daucus carota*
Zaunwinde, *Calystegia sepium*
Ziest-Arten, *Stachys sylvatica, S. palustris*

Gräser

Gewöhnliche Quecke, *Agropyron repens*
Glatthafer, *Arrhenatherum elatius*
Rispengras, *Poa trivialis*
Rotes Straußgras, *Agrostis tenuis*
Schmielen-Arten, *Deschampsia cespitosa, D. flexuosa*
Schwingel-Arten, *Festuca pratensis, F. gigantea, F. rubra, F. tenuifolia*
Seggen-Arten, *Carex remota, C. disticha, C. arenaria, C. paniculata*
Wald-Trespe, *Bromus ramosus*
Weiches Honiggras, *Holcus mollis*
Wiesenknäuelgras, *Dactylis glomerata*
Windhalm, *Apera spica-venti*
Zittergras, *Briza media*

Laub von Gehölzen

Blutbuche, *Fagus sylvatica* f. *purpurea*
Eiche, *Quercus*
Himbeere, *Rubus idaeus*
Rotbuche, *Fagus sylvatica*
Spitzahorn, *Acer plantanoides*
Traubenkirsche, *Prunus padus*
Weißpappel, *Populus alba*

Importe, Treibhausgewächse und Stauden

Asparagus-Arten, *Asparagus setaceus, A. densiflorus, A. umbellatus*
Bärgras, *Xerophyllum*
Erdbeere, *Fragaria*
Farn, *Pteris tremula*
Flamingoblume, *Anthurium*-Andreanum-Hybriden
Frauenhaar-Farn, *Adiantum raddianum*
Geißbart, *Aruncus*
Pfingstrose, *Paeonia*
Prachtspiere, *Astilbe*

Sommer

Gewitter liegt in der Luft – Sommerstimmung

Sommertage sind Tage, die nach einer Gewitternacht mit Nebel über dem Bachlauf beginnen, der sich in Minutenschnelle auflöst oder ausbreitet, um den Frühstückstisch zu vernieseln. Erstes Herbstgefühl kommt auf. Von den feinen Wassertröpfchen benetzt, werden überall Spinnennetze sichtbar. Die Sonne nimmt im Land des Tages an Stärke zu und schließlich sucht man Schatten, um sich vor den sengenden Strahlen zu schützen.

An den Weg- und Straßenrändern gibt es jetzt ein Blütenmeer der verschiedensten Wildpflanzen. Um diese Zeit dominiert ein Farbspiel von Blau und Lila, das im Verlauf des Sommers und Frühherbstes immer mehr Gelbtöne als Komplementär erhalten wird. Blaue Vogelwicke, gelber Hornklee, blaue Glockenblume, gelbes Leimkraut, lila Weidenröschen, gelbe Königskerzen, lila Disteln, die gerade erste gelbe Rainfarnblüten als Nachbarn bekommen. Hin und wieder gibt es gelben Odermennig oder fliederfarbenen Teufelsabbiß, violette Braunellen, blaue Ochsenzunge, blaßlila Eisenkraut, zartlila Minze und gelben Steinklee, gelber Klappertopf, gelbes und weißes Labkraut, gelbes Habichtskraut und immer noch viele Margeriten und Kamillen. Dazwischen mischen sich verschiedene Doldenblütler, die meistens weiße Blüten haben. Ganz selten hat sich der blutrote Inkarnatklee ins Vegetationsbild eingeschlichen; den flauschigen Hasen-Klee gibt es nur reichlich, wenn das Wetter lange feucht und kühl ist.

Durchzogen wird dieser Blütenflor von den nunmehr lilabräunlichen Grasblüten des Roten Straußgrases und der Geschlängelten Schmiele, die wahre Flauschteppiche bilden. Sie sind echte Schmeichler für das Auge.

In Rosenduft schwelgen – Das Blumenangebot im Sommer

Die Zeit des Sommers, von Juli bis September gerechnet, ist eine der längsten Phasen unseres Jahres mit annähernd gleichbleibender Stimmungslage. Natürlich verändert sich das Schnittblumenangebot im Laufe der Zeit und der Herbst setzt hin und wieder schon einmal einen Fuß in die Tür. Typisch aber bleibt für den Sommer eine Blütenfülle vor allem auch großblumiger Arten, die in den Bauerngartensträußen von kleinblumigen, meist einjährigen Sommerblumen umspielt werden. Dazu gehören Gladiolen, Lilien, Dahlien, Sommerastern, Sonnenhut und Sonnenbraut, Phlox, Eisenhut, Rittersporn, Astilben, Glockenblumen, Gelenkblumen, Indianernessel, Sonnenblumen, Jungfer im Grünen, Löwenmaul, Schleierkräuter, Salvien, Kokardenblumen, Wicken, Montbretien, Kosmeen, Strandflieder, Kalifornischer Mohn, Godetien und Schleifenblumen. In einen klassischen Bauerngartenblumenstrauß passen keine Wildkräuter und kein Bindegrün aus fernen Landen. Getreideähren und Eichenlaub als unblumige Elemente sind denkbar. Ab Juli lassen sich endlich auch Nelken, Gerbera und Lilien nahtlos in die aktuelle Stimmungslage einfügen. Großblumige Nelken mit Astilben, Wicken, Ranken, Sommerrittersporn oder Amstelraute kombiniert, und mit lang ausschwingenden Gräsern versetzt, geben dieser vielgenutzten

Blume neuen Charme. Und Gerbera können endlich einmal zeigen, was in ihnen steckt, wenn man sie mit Fackellilien oder Liatris, dem Fruchtstand von Mädesüß und ersten spätsommerlichen Fruchtständen, zum Beispiel von Brombeeren, Heckenrosen, Ebereschen und Holunder zusammennimmt und dann mit Wildwuchs wie Rainfarn oder Beifuß, Ampfer und Reitgras ergänzt. Lilien verlieren plötzlich ihre wächserne Unnahbarkeit, wenn man sie in den Sommerflor mit einbezieht und sie hemmungslos mit Wildwuchs eindeckt. Besonders stimmungsvoll sind opulente spätsommerliche Kombinationen mit Früchten von *Rosa rugosa,* Lilien und klassisch wirkenden Freilandrosensorten. An Wildpflanzen bieten sich hierzu sehr gut der Fruchtstand des Wiesenlabkrautes und Weidenröschen an.
Sommerzeit ist Rosenzeit und auch die Zeit der vielen Düfte. Auch darauf kann man bei einer Gestaltung eingehen und richtige Duftsträuße aus Rosen und Monarden, Lavendel, Oregano, Minze, Melisse und anderen Duftpflanzen kreieren. Bunte Freilandrosensträuße mit Wildblumenblüten und Gräsern gemischt, haben ihren besonderen Reiz. Wildheit und Tiefe liegen in dieser Kombination. Reife kommt hinzu, wenn Hagebutten von *Rosa rugosa* eingefügt werden.
Schön sind auch verzweigte Rosen, gemischt mit den großen Blüten der Teehybriden. Und wer bereits mit englischen Rosensorten mit ihren verführerischen Reizen oder mit alten Rosen gestalten durfte, wird aus dem Schwärmen nicht mehr herauskommen. Wenn man sie nicht solo in einem antiken Gefäß arrangiert, kombiniert man sie in altmodischer Manier oder naturhaft mit wilden Erdbeeren, Monatserdbeeren, Weidenröschen, Hasen-Klee, Straußgras oder Drahtschmiele. Schließlich hat der Sommer eine Fülle kleinblumiger und mittelgroßer Blütenformen, die sich mit den vielen Wildblumen, Gräsern und Samenständen in nie endenden Kombinationsmustern anbieten.

Schnittblumen im Sommer Seite 166
Pflanzenlisten Beiwerk Seite 167

Die Sonnenschirme sind aufgespannt – Beiwerk im Sommer

Während im Frühling die Präferenz den Zweigen gehörte, im Frühsommer den Gräsern, gehört sie im Hochsommer den Blüten von einjährigen und mehrjährigen Wildpflanzen. Oft ist der Anteil der Wildpflanzenarten in einem Strauß größer als der der Kulturblumen, denn das Angebot an Wildblumen, Samenständen, Gräsern und Blattwerk vom Wegrand ist jetzt mannigfaltig. Auf trockenen, leicht sandigen Böden ist das Angebot am größten. Hier finden wir Glockenblumen, Skabiosen, Schafgarbe, Wilden Dost, Fette Henne, Storchenschnabel und Labkraut, Odermennig, Leimkraut und Braunelle. Auch Johanniskraut, besonders brauchbar als samentragende Pflanze, Rainfarn, Schafgarbe, Hasenklee, Rotes Straußgras und Reitgras wird man hier antreffen. In feuchten Senken wachsen Binsen und das zierlich gebaute Sumpfweidenröschen, das erst im Alter, wenn die Samenkapseln aufgesprungen sind, seine grazile Schönheit entwickelt. Dagegen ist das Zottige Weidenröschen am brauchbarsten bevor die Samenkapseln aufspringen. Mit seinen vielen Verzweigungen kann man es gut für rundgebundene Sträuße verwenden, besonders in Kombination mit Rosen. Es wächst an Gräben, auf nassen, lehmigen Böden. Dort fin-

det man Blutweiderich, Kratzdistel und Windenranke, das cremefarben blühende Mädesüß, die gelbe Wiesenplatterbse und schöne Gräser. Auf schwerem, nährstoffreichen Boden wachsen weniger Blumen. Oft beherbergt er viele Brennesseln und Beifuß, Kletten- und Kleearten, aber auch Goldrute und Rainfarn. An schattigen Plätzen gibt es so skurrile Gewächse wie den Rainkohl, den Lattich und die Braunwurz.

Auf frisch aufgeworfener Erde, im Bereich von Straßenbau, bildet sich ein einjähriger Bewuchs, der neben viel Melde und Franzosenkraut oft auch Knöterich und Rauke anbietet. Beides sind interessante Pflanzen für den Winter. Man sollte sich diese Stelle merken. Auch Kornblumen, Hirtentäschel, Löffelkraut, Kamille und andere typische Feldunkräuter wachsen hier, und dann sind den ganzen Sommer hindurch die vielen Schirmchen der Doldenblütler aufgespannt.

In vielen Arten sind sie letztlich auf allen Böden vertreten. Meist weiß-, seltener gelb- oder rosablühend, gibt es sie in allen Größen. Angefangen von dem gigantischen Kaukasischen Bärenklau mit einer Wuchshöhe von 3 bis 5 m bis zum zierlichen Venuskamm von maximal 30 cm. Sie tragen sehr viel sommerliche Stimmung in sich und sind ihren unterschiedlichen Charakteren entsprechend einzusetzen. Gräser, die im Hoch- oder Spätsommer blühen, haben oft bräunliche Blüten, wie die Strauß- und Reitgräser, die Geschlängelte Schmiele und der Windhalm, die sich nach starker Sonnenbestrahlung rötlich verfärben. Zähe Arten wie die Quecke und Raygräser, tragen schlanke, durchaus für elegante Gestaltungen einsetzbare, grüne Blütenstände. Interessant sind jetzt die Blätter der kleinwüchsigen Seggen. Sie sind oft massenhaft anzutreffen und vielseitig verwendbar. An Blattwerk bietet uns der Sommer das Laub von Traubenkirschen,

Buchen und Eichen, aber auch von Himbeeren in Hülle und Fülle. Die jungen Triebe, die im nächsten Jahr Früchte tragen, wachsen im Sommer und Herbst heran und sind daher recht makellos und dabei ungeheuer stabil. Man wird sie dort schneiden, wo ohnehin niemand wegen der Autoabgase Früchte ernten dürfte.
Große, tropische Blätter für elegante, getragene Arrangements, diverse Arten von Asparagus und Farne bilden die Ergänzung zum riesigen Wildpflanzenangebot des Sommers.

Sonnenblumengesichter – Natur und Gestaltung

Acker-Hundskamille, *Anthemis arvensis*

Standort: Die Acker-Hundskamille sowie die ihr sehr ähnliche, geruchslose und die echte Kamille finden wir am Rande landwirtschaftlicher Flächen. Stickstoffhaltig mögen sie den Boden, die eine mehr und die andere weniger sauer, stets kalkarm, gern etwas lehmig.
Pflücktermin: Mit Beginn des Sommers kommen die ersten Kamillen und erster Frost bringt die letzte Blüte zur Ruhe, denn hier und dort gibt es Bodenbewegungen in der Landwirtschaft, die sehr späte Kulturen hervorbringen. Auch ein Rückschnitt bringt erneut Blütenbildung.
Verwendung: Die kindlich fröhlich wirkende Kamillenblüte wirkt wie eine kleine Form der Margerite und trägt wie sie die Attribute des traditionellen Sommerstraußes in sich. Dazu gehören Kornblumen, Mohn und Schafgarbe. In Kombination mit anderen kleinen Wildblumen darf man die Kamille wegen ihrer starken Ausstrahlung nur sehr sparsam einfließen lassen. Allzu schnell bestimmt sie sonst den Ausdruck des Straußes. Üppig dagegen darf sie in bäuerlichen Gebinden sein, zum Beispiel zusammen mit Pompondahlien, Astern, Löwenmaul und Schleierkraut.
Haltbarkeit: Wenn auf sauberes Vasenwasser geachtet und der Anschnitt erneuert wird, können Kamillen zwei bis drei Wochen halten. Ein kurzes Ankochen der Stielenden ist ratsam.
Konservierung: Blühende Kamille kann man in Bündeln zum Trocknen aufhängen.
Bemerkung: Die echte Kamille, als Heilkraut verwendet, sollte wegen ihrer Inhaltsstoffe nur bis zum 21. Juni geerntet werden. Dabei ist jedoch auch auf den Standort zu achten. Äcker können frisch gespritzt sein, Straßenränder sind Abgasen ausgesetzt.

Ein Sommerkranz

Beifuß, *Artemisia vulgaris*
Esche, *Fraxinus*
Giersch, *Aegopodium podagraria*
Hainrispengras, *Poa nemoralis*
Himbeere, *Rubus*
Hirtentäschel, *Capsella bursa-pastoris*
Johanniskraut, *Hypericum perforatum*
Kamille, *Anthemis*
Raps, *Brassica napus*
Roggen, *Secale*
Saat-Wucherblume, *Chrysanthemum segetum*
Schmalblättriges Weidenröschen, *Epilobium angustifolium*
Schwarzer Holunder, *Sambucus nigra*
Skabiosen-Flockenblume, *Centaurea scabiosa*
Stumpfblättriger Ampfer, *Rumex obtusifolius*
Sumpf-Kratzdistel, *Cirsium palustre*
Vogelwicke, *Vicia cracca*
Waldziest, *Stachys sylvatica*
Wiesenkerbel, *Anthriscus sylvestris*
Wiesenlabkraut, *Galium mollugo*

Ein Sommerkanz

Der Hochsommer hat Einzug gehalten mit seinem vollen Farbprogramm und ersten reifen Samenständen. In dem großen, fast reinen Wildpflanzenkranz wurde dieser Moment auf einfache Art festgehalten. Wichtiges Merkmal für diese Gestaltung ist die Vielfalt der Formen und Farben, wobei bei einer reinen Wildpflanzengestaltung meistens eine Dominanz der Grüntöne gegeben ist.
Die Pflanzen werden allmählich eintrocknen, so daß man auch im Winter noch mit dem Auge und in Gedanken den Sommerspaziergang nachvollziehen kann. Ein Wandkranz in dieser Größe kann nur in einem sehr großen Raum aufgehängt werden.
Technik: Als Grundlage für diesen Kranz dient ein Weidenreifen, auf dem die Pflanzenteile mit Hilfe von Wickeldraht befestigt wurden.
Farben: viele Grünschattierungen, warmes Gelb, Orange, Weiß, Crème, Lila, Rosa, Braun, Rot und Blauviolett.
Aussage: Ein Kranz hat immer Symbolcharakter. Er erzählt von Kreisläufen, von Vergänglichkeit und Wiedergeburt. Seine geschlossene, runde Form strahlt Ruhe und Selbstverständlichkeit aus. Die ineinander verwobenen Pflanzen des Wegrandes vermitteln ein Gefühl vom sommerlichen Reifeprozeß einerseits und erzählen vom Ineinandergreifen und Miteinander in der Natur.
Hinweis: Wenn aus frischen Blumen gebundene Kränze zum Trocknen aufgehängt werden, muß man damit rechnen, daß Blütenköpfe und Stiele schlapp werden und leicht herabhängen. Der Kranz kann dadurch seinen Ausdruck verändern, was durchaus

reizvolle Aspekte in sich birgt. Eine andere Möglichkeit besteht darin, den Kranz liegend zu trocknen. Auch dann werden Stiele und Blüten schlapp, können aber aus der vorgegebenen Kranzform nicht ausbrechen. Nach dem Trocknen sind die Drähte auf der Rückseite des Kranzes nachzuziehen, damit die Festigkeit des Gebindes gewährleistet bleibt.

Zaunwinde, *Calystegia sepium*

Standort: Die Zaunwinde wird nicht an jedem Zaun heimisch. Naß liebt sie es, nährstoffhaltig und lehmig. Sie wächst häufig an Gräben, zwischen Brennesseln, Kratzdisteln und Mädesüß und im Röhricht der Seen.
Pflücktermin: Erst ab August, wenn die Zaunwinde eine gewisse Größe erreicht und genug Zellulose aufgebaut hat, kann sie geschnitten werden. Ihre Blütezeit endet im Oktober. Erste Fröste machen der Pflanze den Garaus.
Verwendung: Vorweg sei gesagt, daß die Verwendung von Winden zeitaufwendig ist und cinigc Erfahrung im Umgang mit Ran ken erfordert. Am besten kommen sie zur Geltung in Verbindung mit stützenden Pflanzen.
Geeignete Gefäße sind große, flache Schalen, auf denen sie über der Wasseroberfläche das Spiel der Ranken entfalten können. Auch Glasgefäße jeglicher Art lassen sich von dem Rankenspiel gern gefangen nehmen. Vorher entfernt man die meisten Blätter, um den Linienverlauf besser herausarbeiten zu können und um die Verdunstungsfläche der Pflanze zu verkleinern. Manchmal ist es auch schön, die Winde mit ihrer Stützpflanze, zum Beispiel einer Brennnessel, zu pflücken, um sie entsprechend

aufrecht in einem Gefäß zur Geltung zu bringen. Arrangements mit Winden sollten entweder sparsam mit Blick aufs Detail ausgeführt werden oder eine altertümliche Fülle aufweisen.
Haltbarkeit: Windenranken sind mit stark reduzierter Blattmasse ausgesprochen haltbar. Einzelne Blüten haben oft nur eine Blütezeit von Stunden. Dafür entfalten sich Tag für Tag neue Knospen.

Winden und Schnecken

Ackerwinde, *Convolvulus arvensis*

Italienische Waldrebe, *Clematis viticella*

Konservierung: Man kann entlaubte Windenranken zum Trocknen aufhängen oder hinlegen. Ihre Blüten schrumpfen, die Knospen bleiben ganz gut in Form und können feinen Trockenblumenarbeiten reizvolle Nuancen geben.
Bemerkung: Die Zaunwinde kann zu jeder Tag- und Nachtzeit geöffnete Blüten haben, die sie bei Regenwetter schließt.

140 Winden und Schnecken

Gestaltung: Das Bild zeigt einen Ausschnitt einer gelegten Gestaltung auf einem Metallteller. Eine Windenranke und die Ranke einer *Clematis viticella* wurden zusammen mit Muschelfragmenten zur Geltung gebracht.

Solche Gestaltungen haben eine besondere Ästhetik. Man gehe sparsam mit Pflanzlichem und Nichtpflanzlichem um. Ranken müssen ausgelichtet werden, damit ihre Bewegungen zur Geltung kommen. Das Nichtpflanzliche, in diesem Fall die Muscheln, muß einen eindeutigen Bezug zu den Pflanzen aufnehmen können. Dies ist durch Parallelität möglich, die hier auf wunderbare Art gegeben ist oder durch eine Gegensätzlichkeit, wie wir sie in geometrischen Grundformen finden.
Besonderen Reiz haben gelegte Arrangements auf einer großen Wasserfläche, die von Ranken überspielt wird. Dabei ist auf einen möglichst natürlich aussehenden Wuchs zu achten.
Technik: Dieses Arrangement zu legen, erfordert gutes Hinsehen und Geschicklichkeit. Es wurden keinerlei Hilfsmittel verwendet. Die Ranken wurden miteinander verwunden und die Stielenden vom Gewicht der Muscheln unter Wasser gehalten. Ist das Rankengewirr nicht zu bändigen, kann man es mit feinem Schmuckdraht fixieren. Es empfiehlt sich, nur dreiviertel des Blattwerks, besonders von den Winden, vor dem Gestalten zu entfernen. Während der Arbeit ist dann zu sehen, wo noch ausgelichtet werden muß. Erst dann entfernt man weitere Blätter.
Farben: zartes Perlmuttrosa, Flieder, Grau, Graubraun, Rotbraun, helles und mittleres Grün. Der Metallteller ist zinnfarben.
Aussage: Muscheln und Winden sind voller Geheimnis und Zauber. Beide machen es dem Betrachter schwer, sie schnell zu erfassen. Immer wieder geht das Auge auf Entdeckungsreise, folgt den verschlungenen Trieben der Pflanze und hält vor der Muschelöffnung inne, um dann der Phantasie das Spiel zu überlassen.

Während die Clematis Poesie und Anmut ins Geschehen bringt, trägt die duftende Winde Lieblichkeit und Mystik in sich. Sie ist eine alte Heilpflanze. Verschiedene Windenarten werden von den Indianern als Zauberpflanzen benutzt. Ihr werden geheime Kräfte nachgesagt. Darum wird die Winde auch als Hexe gefürchtet.
Hinweis: Die Blüte der Ackerwinde öffnet sich frühmorgens und ist gegen Mittag verblüht.

Gemeines Leimkraut, *Silene vulgaris*

Standort: An trockenen und sonnigen, etwas kalkhaltigen und stickstoffreichen Standorten kann man das Gemeine Leimkraut antreffen. An Wegrändern, am Wald, auf Halbtrockenrasen, kommt es vor, aber selten als Massenerscheinung, sondern eher einzeln, so daß gut zu überlegen ist, bevor geschnitten wird. An Plätzen mit spärlichen Vorkommen einer Pflanzenart sollte man nicht pflücken um Vermehrung zu ermöglichen.
Pflücktermin: Das blühende Kraut kann man von Juni bis August pflücken, den Samenstand aber auch noch im Herbst und Winter.
Verwendung: Die grazil gebaute Pflanze wirkt in ihrer Lieblichkeit fast elegant, was einen entsprechenden Verwendungsspielraum bringt. Nicht zur Geltung kommt sie in dichten, rundgebundenen Sträußen sowie im Zusammenhang mit starken Farben.
Haltbarkeit: Das Leimkraut ist, wie viele Nelkengewächse, von guter Haltbarkeit in der Vase.
Konservierung: Man kann das blühende und das bereits samentragende Kraut zum

Trocknen aufhängen oder besser mit ein wenig Wasser in der Vase langsam eintrocknen lassen.
Bemerkung: Besonders hübsch sind die im Winter gepflückten Samenstände der Leimkräuter.

Hasen-Klee, *Trifolium arvense*

Standort: Der Hasen-Klee wuchert geradezu an Stellen, wo andere Pflanzen längst nicht mehr lebensfähig sind. Offene, trockene kalkfreie Sandböden sind bevorzugte Standorte. Man findet ihn aber auch in Gesellschaft anderer Pflanzen mit Trockenrasenbedingungen.
Pflücktermin: Die Pflanze wächst und blüht von Juli bis Oktober. Die besten Exemplare

Rechte Seite:
Zart besaitet

Gemeines Leimkraut, *Silene vulgaris*

Geschlängelte Schmiele, *Deschampsia flexuosa*

Kleinblütiges Weidenröschen, *Epilobium parviflorum*

Plumosus, *Asparagus setaceus*

Rohr-Reitgras, *Calamagrostis arundinacea*

Rosa Leinkraut, *Linaria purpurea*

Rose, 'New Dawn'

Schleierkraut, *Gypsophila paniculata*

Wiesenlabkraut, *Galium mollugo*

treten im August und September auf. Ungünstige Wetterbedingungen, wie lange Trockenperioden lassen die Pflanzen verfrüht einziehen.
Verwendung: Der sehr kuschelig und weich wirkende Hasen-Klee ist am schönsten mit kleinen Blüten verbunden, wobei ihm die Farbe Rosa am nächsten steht. Wegen seines verzweigten Wuchses eignet er sich gut für rundgebundene Sträuße. Will man sein kuscheliges Wesen verstärken, bleibt man im naturhaften Rahmen und nimmt Rotes Straußgras oder Geschlängelte Schmiele und kleinblütige Weidenröschenarten mit Samenstand hinzu.
Haltbarkeit: Der Hasen-Klee hält sich sehr gut, wie alle Kleearten. Großverzweigte Pflanzen teilt man auf, damit die Wasserversorgung gesichert ist.
Konservierung: Hasen-Klee ist vorzüglich für die Trockenblumenbinderei zu gebrauchen. Allerdings zerfallen sehr spät im Jahr gepflückte Exemplare leicht. Der August ist der beste Erntemonat fürs Trocknen.
Bemerkung: Hasen-Klee und viele andere Wildpflanzen trocknen in der Vase mit wenig Wasser sehr gut. Auf diese Art können aus frisch gepflückten Sträußen formschöne Trockensträuße werden.

Zart besaitet

Gestaltung: Die locker gestaltete Blumenfülle ist ganz auf das zarte Wesen der Rose 'New Dawn' ausgerichtet. Die porzellanhaft wirkenden hellrosa Blütentuffs werden von kleinen Wildblüten ähnlicher Farbgebung nur umspielt, so daß den Rosen die Dominanz gewiß ist. Auch das Bindegrün, die schmalen Grasblätter und das duftige Plumosus unterstreichen das Wesen dieser Blüten. Sie werden geradezu eingebettet in die feinen Strukturen von Schleierkraut, Wiesenlabkraut und Weidenröschen, das sich hier mit seinem naturhaft mystischen Wesen nicht durchsetzen kann. Seine Vollendung findet das Arrangement natürlich erst im entsprechenden Gefäß. Hier ist es eine rosa Glasvase, vor einer pastellfarbenen Wand, die den Strauß aufnimmt.
Technik: Das Gebinde wurde nach üblicher Straußbindetechnik angefertigt.
Farben: Babyrosa, helles Rosa, Purpurrosa, Weiß, mittleres und graues Grün. Das Glas schillert in grünlichem Altrosa.
Aussage: Der Strauß wirkt zart und lieblich, ist duftig und duftet auch und hat dabei ausgesprochen elegante Ausprägung, die der

Hasen-Klee im Haar

Geschlängelte Schmiele, *Deschampsia flexuosa*

Hasen-Klee, *Trifolium arvense*

Kleine Sterndolde, *Astrantia minor*

englischen Kletterrose 'New Dawn' entspricht. Sie paart klassisch altertümliche Züge mit dem Rouge der Jungmädchenhaftigkeit.
Hinweis: Hier soll einmal das Schleierkraut in Schutz genommen werden. Es gehört zu den Pflanzen, die auf unglaubliche Weise strapaziert werden. Schleierkraut wird nicht als eigenständige Blume mit Anspruch und Charakter, sondern als Füller eingemauschelt und zwischengemust. Das großblumige Schleierkraut wird mittlerweile das ganze Jahr hindurch angeboten, so daß es auch die jahreszeitliche Kontur verloren hat. Verschleierung ohne Grenzen könnte man das nennen, denn nicht nur das Schleierkraut verliert sein Gesicht, sondern auch die meisten anderen Blumen, mit denen es zusammengebunden wird. *Gypsophila paniculata* gehört in die Sommermonate und muß seinem Wesen entsprechend arrangiert werden. Als Begleitpflanze eignet sich in erster Linie das kleinblumige Schleierkraut, das ohnehin nur zur Saison angeboten wird. Das großblumige ist am schönsten in großer Wolke solo.

Hasen-Klee im Haar

Gestaltung: Ein zierlicher Haarkranz ergänzt die Frisur der jungen Frau. Das dezente Farbspiel in den Blüten findet seine Entsprechung in den grazilen Strukturen der Blüten. Beim Binden wurde auf eine lockere Form des Kränzchens geachtet. Einzelne Blüten des Klees spielen etwas heraus und können so ihr Wesen zur Geltung bringen. Die Grasblüten bringen naturhafte Tendenzen hinein.
Technik: Ein grün lackierter Steckdraht dient hier als Unterlage, auf der die Blüten einzeln mit Hilfe von Myrtendraht befestigt wurden. Zu allererst wurde am Kopf Maß genommen mit ein wenig Zugabe, denn die Stengel tragen beim Binden etwas auf. Die Drahtenden wurden nicht, wie sonst beim Kranz üblich, zusammengedreht. Der Verschluß wird mit Haken und Öse gebildet. Es ist darauf zu achten, daß der Kranz beim Binden geschlossen bleibt. Eine Girlande, die erst später zum Kreis gebogen wird, würde Lücken aufweisen. Ein Wattieren der Stielenden aus Haltbarkeitsgründen war hier nicht nötig.
Farben: Rosa, bräunliches Graugrün, Silbergrün, Grün.
Aussage: Kränze im Haar können kindlich, bäuerlich, traditionell oder klassisch wirken. Sie sind jedenfalls eine sehr alte Schmuckform und zieren auf die natürlichste Weise.
Hinweis: Ein Haarschmuck aus Blumen zu festlichen Anlässen ist ein sehr persönlicher Schmuck, weil er auf die Garderobe, die Person und den Anlaß abgestimmt wird. Hier trägt die Person ein Kostüm aus Rohseide und ist Brautjungfer.

Poetischer Erdbeerstrauß

Gestaltung: Dieser rundgebundene Strauß hat eine leicht ovale Form, die durch seitlich heraushängende Gräser zusätzlich verstärkt wird.
Sein optischer Schwerpunkt wird durch die Rosenblüten gebildet. Die Floribundarose 'Rosenmärchen' trägt immer sehr viele große Blütendolden. Oft sitzen mehrere große Blüten und etliche Nebenknospen an einem Stiel und wirken daher in kleinen Sträußchen schnell zu massig. Entgegenwirken kann man, indem man einige Blüten mit

Poetischer
Erdbeerstrauß

Akelei, *Aquilegia*-Hybride

Borretsch, *Borago officinalis*

Feinstrahlaster, *Erigeron karvinskianus*

Floribundarose 'Rosenmärchen'

Frauenmantel, *Alchemilla mollis*

Hasen-Klee, *Trifolium arvense*

Hopfen, *Humulus lupulus*

Kleinblütige Strauchrose 'Bloomfield Abundance'

Monatserdbeere, *Fragaria vesca* var. *semperflorens*

Rotes Straußgras, *Agrostis tenuis*

Segge, *Carex*

anderen Pflanzen umspielt, wie es hier das Akeleiblatt tut. Deutlich ist der Vereinzelungseffekt bei den Dolden zu sehen und erkennbar, wie das Blatt verbindend zwischen Rosenblüten und Wildwuchs wirkt. Das Farbspiel in diesem Gebinde wurde auf das Apricot der Rosen abgestimmt. Ein warmes Bunt kleiner Blüten verdichtet das Rosenmärchen. Eine besondere Rolle spielen die kleinen Monatserdbeeren. Ihre starke Ausdruckskraft machte aus dem Rosenstrauß einen Erdbeerstrauß.
Technik: Die Stiele der Blumen wurden, nach üblicher Straußbindemanier, schräg in eine Richtung aneinandergelegt.
Farben: Apricot, Zartrosa, Weiß, warmes Gelb, graues Grün, helles Grün, sattes Grün, Blauviolett, Mohnrot, helles Braun, Purpurrosa.
Aussage: Dieser duftende Strauß ist voller Poesie, spricht von Lebenslust und Wonne, sommerlicher Wärme und Heiterkeit.
Hinweis: Sträuße mit viel Wildwuchs und kleinen Blüten sollten nie zu gleichmäßig und eng gebunden werden. Den Wildpflanzen ist mit einem Stück Freiraum Rechnung zu tragen.

Kugelstrauß mit Rosen

Gestaltung: Gestaltungen, die eine festumrissene Form aufweisen sollen, gehören zu den Arbeiten, die am einfachsten anzufertigen sind, vorausgesetzt, man scheitert nicht an fehlenden handwerklichen Fertigkeiten. Die Form einer Halbkugel, wie hier, realisiert durch einen Rosenstrauß, ist leicht vorstellbar. Etwas Fachverstand ist für die Blumen- und Pflanzenauswahl notwendig. Blüten und Beiwerk sollten flach gebaut sein, kugel- oder doldenförmig. Alles Aufstrebende ist unbrauchbar. Seitlich Ausschwingendes lockert die Gesamtgestaltung auf, stellt die Grundform aber dann in Frage. Das Farbspiel bewegt sich im gedeckt roten Bereich und wird bis Crème aufgehellt. Helles und mittleres Grün stehen komplementär zum Rot.
Technik: Der Strauß wurde nach üblicher Bindeart angefertigt und dann gebunden.
Farben: Blutrot, Pink, gelbliches Rosa, Crème, weißliches Hellviolett, helles Purpurrot, helles und mittleres Grün, helles Braun.
Aussage: Allein die Form des Straußes bringt noch keinen klassischen Ausdruck. Er wird durch den Charakter der Blumen hervorgerufen, hier durch die Freilandrosen.

Kugelstrauß mit Rosen

Funkie, *Hosta*

Giersch, *Aegopodium podagraria*

Himbeere, *Rubus idaeus*

Rose 'Carinella'

Rose 'Laminuette'

Rose 'Fireking'

Rotes Straußgras, *Agrostis tenuis*

Rotklee, *Trifolium pratense*

Segge, *Carex*

Außerdem haben die Farben Eleganz und Feuer durch den Rot-Grün-Kontrast. Klassische Eleganz erhält das Gebinde durch schwungvoll ausladende Gräser und die Glaskugelvase auf dem erhöhten Standort.
Hinweis: Die Himbeere gehört zu den Rosengewächsen. Ihr Laub ist sehr geeignet als füllendes Bindegrün und besonders schön zu Rosen und für rundgebundene Sträuße, denn Himbeerblätter haben eine ähnliche Blattform und Ausstrahlung wie Rosenblätter.

Weißer Steinklee, *Melilotus alba*

Standort: Diese großwüchsige, einheimische Kleeart kann an manchen Standorten mannshoch werden, und bei gutem Wetter sind die duftenden Blüten stets von Bienen beflogen, denn der Weiße Steinklee scheint viel Nektar zu bieten, weshalb er auch den Namen Honigklee erhielt. Die stickstoffliebende Pflanze ist auf steinigen, sandigen aber auch auf lehmigen Unkrautfluren anzutreffen. Oft sieht man sie auf Bahndämmen und in Kieskuhlen.
Pflücktermin: Im August und September schneidet man von der blühenden Pflanze. Später ist die samentragende Pflanze attraktiv.
Verwendung: Der Weiße Steinklee ist vielseitig verwendbar, von naturhaft bis elegant, in rundgebundenen Sträußen, in dekorativer Fülle oder graphisch linear. Weißer Steinklee kann wie weiße Söckchen oder wie lange, weiße Damenhandschuhe wirken, je nachdem, ob er mit Astern oder Rosen kombiniert wird.
Haltbarkeit: Der Weiße Steinklee ist wohl der haltbarste Klee, vorausgesetzt, der Stiel ist nicht zu lang und die versorgende Blatt- und Blütenmasse nicht zu groß. Benötigt man den Klee langstielig, muß ein Teil der Blüten und Blätter ausgeschnitten werden. Es empfiehlt sich, das Stielende dann anzukochen.
Konservierung: Blüten und größere Fruchtstände können zum Trocknen aufgehängt werden. Beim Trockenvorgang entsteht der typische Waldmeistergeruch, hervorgerufen durch das freiwerdende Kumarin.
Bemerkung: Etwas kleinwüchsiger und gelbblühend ist *Melilotus altissima,* der Hohe Steinklee. Auch gelbblühend, aber schon früher und kleinwüchsiger, ist *Melilotus officinalis,* der Echte Steinklee.

Hommage an den Sommerhimmel

Gestaltung: Der locker gestufte Strauß strebt eine Kegelform an, spiegelbildlich zur Vasenform. Dabei wird den Wuchsformen kleiner Blüten und Gräser der Spielraum gelassen, den sie zu ihrer Entfaltung brauchen.
Die Blautöne der Blumen werden durch das lichte Grün des Blattwerks und der Gräser gehoben und durch die einzeln eingestreuten, kleinen, gelben Blüten gereizt und zum Leuchten gebracht.
Technik: Die Pflanzenstiele wurden entlaubt und schräg aneinandergelegt. Der Strauß steht ungebunden im Gefäß.
Farben: Hellblau, Blauviolett, Violett, Weiß, Sonnengelb. Die Grüntöne bewegen sich im hellen und bläulichen Bereich mit violettem Anflug. Die Glasur des Gefäßes zeigt verschiedene Blau- und Grüntöne.
Aussage: Ein wenig Himmel auf Erden. Die Zeit der blauen Sträuße ist am Ausklingen. Blauer Himmel, Sonnenschein, ein paar Schäfchenwolken, so liebt man den Som-

Hommage an den Sommerhimmel

Eustoma grandiflorum

Gemeiner Rainkohl, *Lapsana communis*

Glatthafer, *Arrhenatherum elatius*

Hainrispengras, *Poa nemoralis*

Himbeere, *Rubus idaeus*

Jungfer im Grünen, *Nigella damascena*

Leberbalsam, *Ageratum*

Schafgarbe, *Achillea filipendulina*

Segge, *Carex*

Skabiose, *Scabiosa*

Vogelwicke, *Vicia cracca*

Weißer Steinklee, *Melilotus alba*

mer. Davon erzählt dieser Strauß auf dem Gartentisch.
Hinweis: Arrangements mit blauen Blumen werden durch das Hinzugeben weniger Blüten in anderer Farbe faßbarer, denn Blau als Farbe neigt dazu, sich uns zu entziehen. Ein wenig Violett bringt es uns näher, ein bißchen Gelb bringt Sonnenschein hinein, Rot bringt Dynamik und Weiß die Kühle.

Vogelwicke, *Vicia cracca*

Standort: In sonniger bis halbschattiger Lage, auf tiefgrundigen Lehmböden, am Wald- und Wegrand, sowie auf Unkrautfluren ist die oft wuchernde Wicke zu finden.
Pflücktermin: Im Juli und August pflückt man oder schneidet man mit Messer oder Schere ganze Partien aus einem Vogelwickengespinst heraus.
Verwendung: Vogelwickenranken kann man einzeln verwoben in füllige Gebinde geben und so einen leicht mystischen Charakter erzeugen, der mit Gräsern und feinem Gewirk noch verstärkt werden kann. Mehrere Ranken ineinander verklettet, können als abfließendes Element in einem Arrangement dienen. Eine dicke Wickenrankenportion kann die Grundlage für eine gänzlich abfließende Gestaltung sein, in die andere Pflanzen hineingearbeitet werden.
Vogelwickenranken als Trockenblumen sind denkbar, nur ist es besser, sie wegen ihrer Brüchigkeit frisch zu verarbeiten und im Werkstück eintrocknen zu lassen. Ansonsten lassen sich nur ganze Rankenportionen trocknen, die man als solche vorsichtig weiterverwendet.
Haltbarkeit: Wickenranken sind im allgemeinen recht haltbar, wenn man sie nicht abknickt und ihre Länge etwa bei einem halben Meter beläßt. Bei längeren Exemplaren sollte Blattwerk entfernt werden.
Konservierung: Vogelwickenranken kann man aufhängen oder liegend trocknen. Die blaue Farbe bleibt beim Trockenvorgang erhalten.
Bemerkung: Das Arbeiten mit Vogelwickenranken ist zeitaufwendig, vor allem, wenn man die nötigen Vorkehrungen für die Haltbarkeit trifft. Dazu gehört das Entlauben der Rankenpartien, die ins Vasenwasser eintauchen, und sorgfältiges Anschneiden der Stielenden mit einem scharfen Messer, denn ohne diese Vorarbeiten währt die Freude an diesen lieblichen Blumen nur kurz.

Kleines Fuchsien-Ensemble

Gestaltung: Das Bild zeigt eine lockere Schalenführung. Sie wurde dem Glasgefäß entsprechend sehr niedrig gehalten und

leicht und zart, fast durchsichtig arrangiert. Spielerisch leicht entfalten sich die Blütengestalten aus dem Zentrum der Schale, deren Rand freigehalten wurde. Das Gesteck auf dem Kenzan erlaubt einen niedrigen Wasserstand im Gefäß, so daß für die Optik nötiges Blattwerk im unteren Bereich der Stiele belassen werden konnte. Das Farbenspiel bewegt sich im spannungsvollen Rot-Blau-Kontrast. Seine Würze bezieht das Gesteck aus den safrangelben Augen der Kap-Aster.

Technik: Das Arbeiten mit dem Steckigel kann Probleme bereiten, wenn die Stiele der Blumen sehr dünn sind und daher keinen Halt zwischen den Zinken finden. Man behilft sich, indem man dem dünnen Stengel ein kleines Stück dickeren, hohlen Stengel überstülpt. Auf diese Art sind sogar dünne Gräser einzeln auf dem Kenzan zu befestigen. Kleine Gruppen dünner Stengel, zum Beispiel Grasbüschel, werden im unteren Bereich mit Bast zusammengebunden, so kann man sie wunderbar stellen. Ein weiterer, aber nicht immer praktikabler Weg wurde hier beschritten. Die dickstieligen Blumen wurden zuerst gesteckt und gaben damit das Gerüst für Dünnstieliges. Hier haben die Weidenröschen keinen festen Stand auf dem Kenzan. Sie werden durch die Fülle der anderen Pflanzen in ihrer Position gehalten. Diese Praxis ist nur dann möglich, wenn die Gestaltung durch diese Hilfestellung nicht beeinträchtigt wird. Offensichtliches Anlehnen sieht leicht komisch aus.

Farben: violettes Blau, Hellblau, Karminrot, Safrangelb, helles Grün, Graugrün, Kaki und Weiß. Das Glasgefäß irisiert blauviolett.

Aussage: Das kleine Fuchsienensemble wirkt altmodisch romantisch, ist voller Poesie und Zartheit.

Kleines Fuchsien-Ensemble

Amstelraute, Akeleiblättrige Wiesenraute, *Thalictrum aquilegifolium*

Blaue Margerite, Kap-Aster, *Felicia amelloides*

Bleiwurz, *Plumbago*

Feinstrahlaster, *Erigeron karvinskianus*

Fuchsie 'Joy Patmore', großblumige Sorte

Fuchsia magellanica (Wildart)

Weidenröschen, *Epilobium parviflorum*

Hinweis: Die Akeleiblättrige Wiesenraute ist eine sehr selten gewordene Wildpflanze, die unter Naturschutz steht. Seit einiger Zeit gibt es sie bei uns aus gärtnerischem Anbau.

Kleinblütiges Weidenröschen, *Epilobium parviflorum*

Standort: Das Kleinblütige Weidenröschen, das Rosarote Weidenröschen, das Sumpfweidenröschen und noch einige andere Arten sehen sehr ähnlich aus. Ihre Standortansprüche variieren leicht und man kann davon ausgehen, daß auf ausreichend feuchten, sonnigen Unkrautfluren an Gewässern, in Kieskuhlen, auf Kahlschlägen und im Bereich von Großbaustellen immer Weidenröschen zu finden sind.

Pflücktermin: Weidenröschen werden um Mitte Juli oder Anfang August erst richtig interessant, wenn die Pflanze schon eine größere Anzahl ihrer Samenkapseln entwickelt hat, die bereits aufgesprungen, nun in lockig graziler Schönheit am Stengel sitzen, während die Pflanze in den Triebspitzen noch blüht und Knospen bildet.
Verwendung: Die zart gebauten, oft rötlich angehauchten Weidenröschenstengel mit ihrem Samenbesatz sind voll Anmut und Poesie. Sie bringen eine feine Spannung, Zauber wie aus einer Märchenwelt, vor allem dann, wenn weitere Samenkapseln heranreifen und im Zimmer aufspringen. Eine Vielzahl von Samen, jeder wie mit einer Daunenfeder ausgerüstet, macht sich bei Luftbewegung auf die Reise. Weidenröschen sind vielseitig einsetzbar. Sowohl für kurze als auch für langstielige Gebinde.

Besonders schön sind sie in Verbindung mit Rosen. Das getrocknete Kraut verwende ich für die Trockenblumenbinderei und Frischblumengebinde im Winter. Epilobium in seinen Spielarten ist eine der schönsten und brauchbarsten Wildpflanzen.

Haltbarkeit: Kleinblütige Weidenröschenarten sind sehr haltbar, vorausgesetzt, die abgeschnittene Pflanze ist nicht zu weit verzweigt, so daß der nötige Wasserdruck zustande kommen kann. Ausgeblühte Pflanzen, also reine Samenstände, sind sehr robust. Sie trocknen in der Vase ein. Weidenröschen kann man bedenkenlos in Steckmasse verarbeiten.

Konservierung: Weidenröschen erntet man im Reifestadium, also im September und Oktober und trocknet sie liegend oder aufrecht.

Bemerkung: Die ausfliegenden Samen können bei bestimmten Situationen zum Problem werden, hauptsächlich bei Tischdekorationen, wo sie ins Essen fliegen können, was zwar völlig ungefährlich, aber mit Sicherheit für einige Menschen unästhetisch wäre. Aus dem Wege gehen kann man so einer Panne nur, indem man entweder Pflanzenteile mit geöffneten und gänzlich entfernten, leeren Samenkapseln verwendet oder die Pflanze mit Fixiermitteln besprüht, so daß die Samen und Samenkapseln verklebt werden. Eine andere Möglichkeit besteht darin, die vollreifen Kapseln herauszupflükken, so daß am nächsten Tag keine Kapsel auspringen kann. Übrigens reifen viele Samenkapseln beim Trockenvorgang nach, und man muß sich auf den Frau-Holle-Effekt gefaßt machen. Beim Verkauf von Sträußen mit Epilobium sollte man immer auf diese mögliche Überraschung hinweisen, denn manche Menschen lieben Effekte dieser Art nicht.

Huflattich, *Tussilago farfara*

Standort: Huflattichblüten trifft man im zeitigen Frühling vielerorts an, oft auf unbewachsenem Boden, aber auch am Bach- und Wegrand und vor allem auf Schutthalden aller Art. Die leuchtend hellgelben Blütenkörbchen sind in der gerade erst sprießenden Vegetation des Vorfrühlings sehr auffällig und meist die ersten Frühlingsboten, in der bereits wärmenden Februarsonne. Es fällt einem in der kargen Vegetation dieser Zeit nicht besonders auf, daß die Huflattichblüten ohne Blätter dastehen und man vergißt die Pflanze alsbald in der Flut der später sprießenden Kräuter. Erst im Hoch- und Spätsommer findet man ein ganz anderes Erscheinungsbild dieser Pflanze, ihr Blattwerk. Große, saftig hellgrüne Blätter stehen am Wegrand, an Bachläufen, auf alten Sandhaufen und karg bewachsenen Flächen.

Pflücktermin: Huflattichblüten kann man von Februar bis März pflücken. Die Blätter bieten sich ab Juli an, wenn sie ausreichend Zellulose aufgebaut haben, so daß sie in der Vase nicht schlappen.

Verwendung: Die große, hellgrüne Blattfläche dieser Pflanze tut dem Auge wohl. Rundgebundene Sträuße, mit Huflattichblättern umkränzt, sehen immer frisch und freundlich aus. Außerdem wirken die Blätter eher naturhaft und rustikal, obwohl ein großes Blatt sonst eigentlich eher elegant und großzügig aussieht. Schön sind Huflattichblätter für gelegte Arrangements in flachen Schalen. Sie sind ein gutes Gegenüber für Ranken, die man gern in diesem Zusammenhang benutzt. Getrocknete Blätter sind sehr schön und stabil. Die Blüten von *Tussilago farfara* kann man für kleine, naturhafte Arrangements verwenden.

Haltbarkeit: Während die Blüten keinerlei Probleme in der Vase machen, werden die Blätter gern schlapp. Darum sollte man gut ausgereifte Exemplare pflücken, die unter harten Bedingungen gewachsen sind. Also bevorzugt man sonnige, trockene Standorte. Die Stiele der Blätter sind kurz anzubrühen. Huflattichblätter darf man niemals abschnüren, weder mit Bast noch durch Pressen am Vasenrand. In Steckmasse mögen sie auch nicht stehen, sondern wollen reichlich von Wasser umspült sein.
Konservierung: Huflattichblätter werden, wie alle großflächigen Blätter am besten liegend getrocknet, ausgebreitet auf Zeitungspapier oder Karton. Junge Huflattichblüten hängen zum Trocknen vorteilhaft in Bündeln.
Bemerkung: Da Huflattichblätter den Seerosenblättern ähneln, kann man sie für Gebinde mit Seerosenblüten verwenden, denn Seerosenblätter müssen auf der Wasseroberfläche schwimmen, andernfalls welken sie innerhalb weniger Stunden, so daß man ein Gebinde für eine Vase mit ihnen gar nicht anfertigen kann. Eine Seerosenblüte gewinnt in ihrer Ausstrahlung ungemein durch die große, grüne Blattfläche. Einige zusätzliche Binsen oder Sauergräser erzeugen sofort das nötige Flair für diese Nymphe.

154 Schmiele, *Deschampsia*

Schmielen sind mehrjährige Gräser, von denen es bei uns ein halbes Dutzend Arten gibt. Sehr häufig, ausgesprochen schön, und deshalb interessant für die Binderei sind zwei Arten. *Deschampsia cespitosa,* die großwüchsige Rasenschmiele, und *D. flexuosa,* die Geschlängelte Schmiele.

Standort: Die großen, sattgrünen Horste der Rasenschmiele sind in sonnigen und schattigen Lagen zu finden, gern auf feuchtem Grund. Die Geschlängelte Schmiele ist an sauere, nährstoffarme Böden gebunden und bringt in vollsonnigen Lagen reichlich Blüten hervor. Es ist ein typisches Waldgras, das sich auf Kahlschlägen wie ein Teppich ausbreiten kann.
Verwendung: Die großen, leicht gebogenen Grasblüten der Rasenschmiele bieten sich für große Sommersträuße an und legen, besonders wenn sie im Schatten gewachsen sind, einen eleganten Charme an den Tag. So verwendet man sie auch gern einzeln oder in leichter Abstufung als Gruppe in linearer Gestaltungsweise. Die Blüte der Geschlängelten Schmiele kommt einzeln verarbeitet kaum zur Geltung. Man wird

dieses Gras eher eine Gestaltung spielen und umschmeicheln lassen, denn darauf versteht sich dieses zart gebaute Gras am besten. Es ist eines der anmutigsten Gräser unserer Breitengrade und besonders schön, wenn es an einem sehr sonnigen Standort gewachsen ist, so daß es leicht rötlich schimmert. Beide Arten sind getrocknet für Frisch- und Trockenblumengebinde verwendbar und beide sind im Frühjahr als grüne Büschel ohne Blütenstände für naturnahe Pflanzungen attraktiv.

Pflücktermin: Beide Arten bleiben nach der Bestäubung gut in Form. Man kann sogar sagen, kurz nach der Blüte, als junge, samentragende Pflanze, sind sie in Höchstform, also am schönsten. Man kann das Gras aber auch im Knospenstadium, Anfang Juni schneiden. Dann hat es eine andere Form. Schlank und geschlossen ist die seidig glänzende Ährenrispe. Ab Ende August und den ganzen Herbst hindurch bieten sich die Schmielen, mittlerweile ausgebleicht und samenlos, aber immer noch hübsch anzusehen, für die Herbstbinderei an.

Haltbarkeit: Beide Schmielen-Arten sind sehr haltbar und lassen sich bestens in Steckmasse verarbeiten.

Konservierung: Sowohl die Rasenschmiele, als auch die Geschlängelte Schmiele lassen sich am besten im Stehen trocknen. Das schönste Ergebnis ist zu erzielen, wenn man die jungen, samentragenden Pflanzen schneidet. Aber auch in anderen Stadien sind diese Gräser schön. Wie immer, bestimmt der Ausdruck einer Pflanze ihre Verwendbarkeit.

Bemerkung: Beide Grasarten sind in allen Stadien für vegetative Pflanzungen sehr schön.

Gewürzstrauß mit Schleppe

Acker-Kamille, *Anthemis arvensis*

Acker-Vergißmeinnicht, *Myosotis arvensis*

Frauenflachs oder Leinkraut, *Linaria vulgaris*

Gemeiner Rainkohl, *Lapsana communis*

Geschlängelte Schmiele, *Deschampsia flexuosa*

Glatthafer, *Arrhenatherum elatius*

Jungfer im Grünen, *Nigella damascena*

Kleinblütiges Weidenröschen, *Epilobium parviflorum*

Klettiges Labkraut, *Galium aparine*

Oregano, *Origanum vulgare*

Purpur-Geißblatt, *Lonicera heckrottii*

Rotes Straußgras, *Agrostis tenuis*

Rundblättrige Glockenblume, *Campanula rotundifolia*

Segge, *Carex*

Wiesenknopf, *Sanguisorba officinalis*

Wiesenplatterbse, *Lathyrus pratensis*

Ysop, *Hyssopus*

Zitronenmelisse, *Melissa officinalis*

Zitterlinse, *Vicia hirsuta*

Gewürzstrauß mit Schleppe

Gestaltung: Man kann ihn als Wildblumenstrauß bezeichnen oder als ein Stück Wegrand, das in andere Form gebracht wurde. Eine Form ergibt sich manchmal zufällig, man darf sich kuriosen Wuchsformen und vom Wind abgeknickten Gräsern nur nicht schon beim Pflücken verschließen. Oft bringen gerade solche Formen einen vitalen Lebensausdruck in die uniform wirkenden Schnittblumen des Handels.
Dieser Gewürz-Feldblumenstrauß brauchte die seitlich auslaufenden Elemente und die abgeknickten Gräser, um in seiner tropfenförmigen Grundform nicht artig und langweilig zu wirken. Die Farbzusammenstellung des Gebindes entspricht recht gut dem Farbklang der Natur im August.
Technik: Die Gestaltung wurde in üblicher Straußbindeform angefertigt, wobei zuerst der pyramidenförmige Mittelteil entstand. Die ausschwingenden und abfließenden Elemente bildeten den Abschluß. Die Pflanzenteile der Schleppe wurden teils vorher verwoben, teils wie gewachsen genommen und als Ganzes an das Gebinde angelegt. Abschließend wurden die Grashalme abgeknickt und von hinten nach vorne in einem schwungvollen Bogen in die Schleppe hineingeführt.
Farben: Himmelblau, Kobaltblau, Purpurrot, Rotbraun, helles Gelb, Sonnengelb, Blaßlila, helles und mittleres Grün, bläuliches Grün, Strohgelb, helles Braun. Das Gefäß hat eine tief blaugrüne Oberfläche.
Aussage: Von einer vegetativen Gestaltung weit entfernt, birgt dieser wildromantische Strauß dennoch etwas Geheimnisvolles mit den oft wuselig ineinander verwachsenen Wildkräutern. In der Vielfalt kleiner Blüten und Blätter hat das Auge immer wieder Neues zu entdecken und die Nase kommt bei dem Duft der Gewürze ganz besonders auf ihre Kosten.
Hinweis: Wildblumensträuße wie diese lassen sich mit wenig Wasser in der Vase eintrocknen. Auch dann noch werden die Gewürze ihren Duft verströmen.

Leinkraut oder Frauenflachs, *Linaria vulgaris*

Standort: Gemeines Leinkraut oder Frauenflachs, wie es sinnigerweise auch genannt wird, gehört zur Flora der sandig trockenen, steinigen und warmen Böden. An Bahndämmen und Wegrändern, auf Kahlschlägen und Weinbergen gedeiht dieses liebliche Gewächs.
Pflücktermin: Blühenden und später samentragenden Frauenflachs kann man den ganzen Sommer bis in den Oktober hinein pflücken.
Verwendung: Lieblich aber doch so eigensinnig wild und herb mutet dieses Pflänzchen an, so daß es kaum anders als in naturhaft kleinblumiger Gesellschaft verwendet werden sollte.
Haltbarkeit: Als Schnittblume gehört dieses Pflänzchen zu den haltbarsten, sogar in Steckmasse.
Konservierung: Getrocknet behält die Blume ihren Farbton, schrumpft aber ein. Getrocknete kleine Wildblumen wirken oft starr und steif, wenn sie zum Trocknen aufgehängt werden. Schönere Ergebnisse werden erzielt, wenn man einen frisch gepflückten Strauß mit ein wenig Wasser aufstellt und die Blumen so eintrocknen läßt.
Bemerkung: Es gibt noch weitere gelbweißlich und blaulila blühende Arten unter den Leinkräutern, die wie das Gartenlöwenmaul zu den Braunwurzgewächsen gehören.

Rechte Seite:
Kokardenblumen –
Kokardenblumen
Ballonblume, *Platycodon grandiflorus*
Gemeiner Rainkohl, *Lapsana communis*
Gerste, *Hordeum vulgare*
Himbeere, *Rubus*
Hornklee, *Lotus*
Kleiner Odermenning, *Agrimonia eupatoria*
Kokardenblume, *Gaillardia aristata*
Kugeldistel, *Echinops ritro*
Quecke, *Agropyron*
Rainfarn, *Tanacetum vulgare*
Rotes Straußgras, *Agrostis tenuis*
Schafgarbe, *Achillea millefolium*
Skabiose, *Scabiosa caucasica*
Sumpf-Kratzdistel, *Cirsium palustre*
Sumpfziest, *Stachys palustris*
Vogelwicke, *Vicia cracca*
Weiße Lichtnelke, *Silene pratensis*
Weizen, *Triticum aestivum*
Wiesenknopf, *Sanguisorba officinalis*
Windhalm, *Apera spica-venti*
Wolliges Honiggras, *Holcus lanatus*

Rundblättrige Glockenblume, *Campanula rotundifolia*

Standort: Auf Magerwiesen, in lichten Laubwäldern, am Wald- und Wegrand und in Heiden ist diese zierlich gebaute Glockenblumenart zuhause.
Pflücktermin: Sie ist unter den Glockenblumen die blühfreudigste. Ab Juni bis zum Ende unserer Vegetationsperiode, also bis zum Frost, findet man blühende Exemplare.
Verwendung: Die Rundblättrige Glockenblume gehört zu den Wildpflanzen, die voll Poesie und Anmut sind. Es gilt, diesen Ausdruck zu erhalten mit Gräsern und anderen Wildblumen. Eine andere befriedigende Kombinationsmöglichkeit sehe ich im Zusammenhang mit altmodisch wirkenden Gartenblumen in eben solcher Gestaltungsart.
Haltbarkeit: Glockenblumen sind in der Vase gut haltbar, so auch diese Art. Nachblühende Knospen werden blasser in der Farbe.

Konservierung: Natürlich kann man diese kleine Wildblume trocknen. Nur das Ergebnis ist im Vergleich zur Anmut der frischen Blüte deprimierend. Am ehesten lohnt sich auch hier das langsame Trocknen in der Vase. Meist geht jedoch der blaue Farbton verloren.
Bemerkung: Ähnlich zierlich wie die Rundblättrige Glockenblume ist die Wiesenglokkenblume. Ihre Blütenfarbe tendiert mehr zu Lila und sie blüht nur im Hochsommer.

Wiesen-Platterbse, *Lathyrus pratensis*

Standort: Die Wiesen-Platterbse braucht viel Wasser, um zu gedeihen. So findet man sie an Gräben und Ufersäumen, auf Moorwiesen, am feuchten Wegrand, auf nährstoffhaltigem Ton- und Lehmboden.
Pflücktermin: Von Juni bis August ist die blühende Wiesen-Platterbse zu finden.
Verwendung: Das Hantieren mit Ranken und klammernden Pflanzen ist immer ein wenig mühsam. In naturhafter Gestaltungsweise kann man ganze Tuffs von Ranken einarbeiten. Aufwendiger ist das Hantieren mit einzelnen Exemplaren. Gut vorstellbar sind sommerlich romantische Kombinationen in Gelb-Weiß mit Röschen, Schleierkraut und Margeriten oder bäuerlich wirkende Kombinationen in den Grundfarben. Besonders schön ist die Wiesen-Platterbse als Komplementär in blauen Sträußen, sozusagen als Würze, um das Blau zum Leuchten zu bringen.
Haltbarkeit: Wickenranken sind in der Vase von guter Haltbarkeit, wenn die Wasserversorgung gewährleistet ist. Dazu gehört der Anschnitt und eine nicht zu große Blattmasse. Eine gute Rankenlänge liegt bei 50 cm.

Konservierung: Das Trocknen der Wiesen-Platterbse ist nicht sehr sinnvoll.
Bemerkung: Die Wiesen-Platterbse ist leicht mit anderen ähnlich gebauten Pflanzen zu verwechseln. Nur sie hat die gekringelten, wickentypischen, kleinen Rankhilfen.

Kokardenblumen – Kokardenblumen

Gestaltung: Die Kokardenblumen sind typische Blumen des Hoch- und Spätsommers, wirken etwas bäuerlich und zeigen unregelmäßig gewachsene Blüten, die manchmal sogar zottelig wirken. Ihr Farbausdruck, das rotbraun-gelbe Blütengesicht hat einen leichten Violettschimmer, so daß sich für die Wahl zusätzlicher Farben ein weites Spektrum öffnet. Nennt man sie deshalb vielleicht auch Papageienblume? Nur Nachbarschaft in bläulichen Rottönen wird man wohl ausschließen müssen. Ansonsten sind viele Farben möglich und besonders weitere Gelbtöne bringen die Kokardenblume so richtig zum Leuchten. Kleinblumige Gartenblumen und Wildwuchs stehen der *Gaillardia* nahe. Ob gleichrangig oder untergeordnet, die Pflanzen in diesem Strauß bleiben Beiwerk zur dominierenden Kokardenblume. Zöge man die allerdings heraus, bliebe immer noch ein bezaubernder Strauß zurück.
Technik: Die Stiele der Blumen wurden einzeln schräg aneinandergelegt. Lediglich das Rote Straußgras und der Hornklee wurden zu mehreren genommen.
Farben: Weiß, Lilablau, Hellviolett, warmes Braunrot, warmes Gelb, Sonnengelb, Hellgelb, Rostrot, Rehbraun, Violett, helles Grün, Silbergrün, bläuliches Grün, mittleres

Grün, Hellbraun und Weinrot. Die Glasur der Vase zeigt Brauntöne mit einem leicht violetten Anflug.
Aussage: Der Strauß wirkt bodennah und ist voll Heiterkeit und Wärme.
Hinweis: Der leicht violette Schimmer der *Gaillardia* ermöglicht Kombinationen mit violetten Blumen. Es kommt zu ganz ungewöhnlichen Klangbildern, beispielsweise mit lila Phlox zur Kokardenblume, zusammen mit der Großen Wiesenraute, Wiesenknopf und rotem Straußgras. Andere gute Partner sind Ebereschenbeeren und die lila ungefüllte Rose 'Lilac Charm'.

Kleiner Odermenning, *Agrimonia eupatoria*

Standort: Der Standort von Odermenning ist oft am Wald- und Straßenrand, auf nährstoffreichen, lehmigen Böden in sonniger Lage.
Pflücktermin: Die blühende Pflanze kann man von Juni bis August pflücken, später dann den Samenstand.
Verwendung: Wegen seiner Großwüchsigkeit und seines sehr schlanken, kerzenförmigen Blütenaufbaues möchte man den Odermenning in elegante Gestaltungsformen einbeziehen. Dieses gelingt nur schlecht, denn der Odermenning hat ein sonniges Gemüt. Allzu schnell zieht er die Gestaltung ins Heitere. Darum ist sein Einsatz für elegante Kompositionen am ehesten als Prise im Zusammenhang mit viel Weiß oder als Gegensatz zu Blau und Violett denkbar. Prädestiniert ist er für vielfältige Sommerblumensträuße mit eindeutiger Tendenz zum Gelblichen und Naturhaften. Odermenning im Samenstand ist dann eine vorbehaltlos elegante Erscheinung. Auch

getrocknet läßt er sich wunderbar für lineare, elegante Gebinde verwenden. Die gefiederten Blätter des Odermenning kann man gut für kleine Sträuße verwenden.
Haltbarkeit: Odermenning ist eine außerordentlich haltbare Schnittblume. Die Stielenden sollten angebrüht werden. Dann kann man ihn auch in Steckmasse verwenden. Auch die Blätter der Pflanze sind gut haltbar.
Konservierung: Man kann *Agrimonia* in Blüten oder Samenstand zum Trocknen aufhängen.
Bemerkung: Der Kleine und der Große Odermenning sind Pflanzen, die selten in Massen auftreten. Häufig stehen sie einzeln, manchmal jedoch in größerer Anzahl am selben Standort. Erst dann sollte man sich erlauben, davon zu pflücken.

Wiesenknopf, *Sanguisorba officinalis*

Standort: Auf moorigen oder feucht-lehmigen Wiesen kann *Sanguisorba officinalis* massenhaft vorkommen. Er steht aber auch am feuchten Wegrand im Bereich von Gräben.
Pflücktermin: Man pflückt die blühende Pflanze in den Hochsommermonaten, später den eher grünlichen Samenstand. Wurden Wegrand und Wiese gemäht, kann auch im Herbst noch mit blühenden Exemplaren gerechnet werden.
Verwendung: Der große Wiesenknopf hat eine eigenwillig herbe Ausstrahlung, die eine leichte, liebliche Verwendung ausschließt. Naheliegend ist eine naturhafte Gestaltung. Gut möglich sind Kombinationen im bäuerlichen und eleganten Bereich, beispielsweise im Zusammenhang mit der Geschlängelten Schmiele zu Freilandrosen in bunter Mischung. Seine Schönheit kann der Wiesenknopf erst entfalten, wenn seine kugelförmigen Blütenknöpfe leicht über die anderen Blumen hinausspielen. Dasselbe gilt auch für getrockneten Wiesenknopf, der ebenso wie der frische naturhaft zur Geltung gebracht wird.
Haltbarkeit: Der Wiesenknopf ist sehr gut haltbar. Meistens beginnt er nach einiger Zeit einzutrocknen, was sein Aussehen leicht verändert. Auch in Steckmasse kann man ihn bedenkenlos verwenden, wenn die Blüten nicht zu jung sind.
Konservierung: Wiesenknopf hängt man in Bündeln zum Trocknen auf oder läßt ihn im Vasenwasser eintrocknen.
Bemerkung: Kleiner im Wuchs und grünlich in der Blüte ist der Kleine Wiesenknopf, der trockenere Standorte bevorzugt.

Bauerngartenfülle

Gestaltung: Das Gesteck in einem länglichen, schmalen Weidenkorb ist ein Spiegelbild ländlicher Gartenfülle. Obst, Getreide, Gewürzpflanzen und Blumen stehen gleichrangig nebeneinander, wie im Bauerngarten. Disteln und Weidenröschen, die auch den Weg in den Korb gefunden haben, werden allerdings sehr selten im Bauerngarten zu finden sein, dafür aber sicher gleich in der Nachbarschaft. Das Arrangement wurde recht gedrungen gehalten und hat eine einseitige Ausrichtung, gedacht für einen Standort auf einer alten Anrichte. Die Gestaltung ist bunt, wobei die Dominanz der Sonnenblumen dem Gesteck eine deutlich gelbe Prägung gibt.
Technik: Will man einen Korb für Frischblumen nutzen, benötigt man ein passendes, wasserdichtes Einsatzgefäß. Hier erfüllt eine feste schwarze Folie diesen Zweck. Um grazile Zweige und herausspielende Blüten stabil ausrichten zu können, wurde ein Ziegel Steckmasse in den linken Teil des Korbes gelegt. Ein Teil der Weinranken wurde mit Draht am Korbrand befestigt. Die meisten Blumen stecken in Steckmasse. Ganz rechts, das Bündel Weizenähren, liegt lose im Gefäß und trägt die Sonnenblumenblüte. Muß man so ein Gefäß nicht transportieren, kann man auf die Steckmasse verzichten.
Farben: Kobaltblau, Sonnengelb, Zitronengelb, Strohgelb, schmutziges Gelb, sattes Gelb, Purpurrot, Purpurrosa, Weiß, Schwarz, Zinnoberrot, Silbergrau, Graugrün, Hellgrün, mittleres Grün, Flieder, Violett, Rotbraun. Der Korb ist eichenholzfarben.
Aussage: Die opulente Korbfüllung ist von satter Pracht. Obwohl sehr massig aufgebaut, wirkt die Gestaltung nicht plump, so daß sie ohne weiteres in eine elegante

Umgebung integriert werden könnte. Der Gebrauch von Früchten wirkt sehr appetitanregend, so daß dieses Gebinde auch sehr gut im Zusammenhang mit Käse als Schmuck für ein kaltes Buffet vorstellbar ist. Werden Körbe oder andere Gefäße benutzt, die im Alltag deutlich eine andere Funktion haben, als Vase zu sein, sollte man bei der Gestaltung diese Funktion nicht völlig aus dem Auge verlieren. In einem grobgeflochtenen, stabilen Weidenkorb, wie diesem ist nur eine überquellende Fülle vorstellbar, kein aufstrebendes Gesteck in linearer Ausrichtung und auch keine nachempfundene Natur. Es darf gerne wie vollgesammelt aussehen.

Windhalm, *Apera spica-venti*

Standort: Dieses großwüchsige Gras begegnet uns als Ackerunkraut in Getreidefeldern. Manchmal ist es so stark und gleichmäßig vertreten, daß der Eindruck entsteht, es sei mit dem Getreide zusammen ausgesät worden. Aber der Bauer wird sich hüten. Windhalm hat einfach eine starke Verbreitungskraft. Seine vielen sehr feinen Samen werden vom Wind weit verteilt. Windhalm bevorzugt sandige, leicht sauere Böden. Er ist einjährig und sehr schnellwüchsig, so daß man ihn oft auch im Bereich der Erdbewegung von Großbaustellen antrifft. Meistens findet er sich aber am Rand von Getreidefeldern.
Pflücktermin: Die ersten jungen, hellgrünen, knospigen Grasblüten findet man schon Anfang Juni. Das voll ausgewachsene, oft rötlich verfärbte blühende Gras gibt es Ende Juni. Die samentragende, immer noch ausgebreitete Grasrispe kommt Ende Juli oder Anfang August, noch vor dem Getreide, zur Vollreife und sät sich aus. Den ganzen Spätsommer und Herbst hindurch bleibt die abgestorbene, ausgebleichte, samenlose Grasblüte stehen, sofern sie nicht abgemäht wird, bis das Wetter sie irgendwann zu Boden drückt.
Verwendung: Windhalm ist ein sehr dekoratives Gras, das im Knospenstadium elegante Züge trägt, später wird es zusehends rustikaler im Ausdruck. Während es knospig noch zu großblumigen Nelken verwendbar ist, eignet es sich später hauptsächlich für großblütige Sommerblumensträuße und in der Mischung mit anderen feinen Gräsern für Wildblumengebinde. Kombinationen mit Getreide sind schön, besonders im Herbst, wenn Beeren hinzukommen.
Haltbarkeit: Nur sehr junge Windhalmblüten sind noch empfindlich und werden

Linke Seite:
Bauerngartenfülle

Äpfel, Pflaumen und Weintrauben
Borretsch, *Borago officinalis*
Dill, *Anethum graveolens*
Gartenfuchsie, *Fuchsia magellancia*
Geißblatt, *Lonicera*
Gemeine Eselsdistel, *Onopordum acanthium*
Hafer, *Avena sativa*
Hagebutte, *Rosa rugosa*
Hortensie, *Hydrangea*-Hybride
Kapuzinerkresse, *Tropaeolum majus*
Kosmee, *Cosmos bipinnatus*
Rainfarn, *Tanacetum vulgare*
Rose, 'New Dawn'
Schwarzer Holunder, *Sambucus nigra*
Septemberkraut, *Aster ericoides*
Sonnenblume, *Helianthus annuus*
Weidenröschen, *Epilobium parviflorum*
Weizen, *Triticum aestivum*
Ysop, *Hyssopus*

Abschied vom Sommer

Italienische Waldrebe, *Clematis viticella* 'Etoile Violette'

Trockenes Geäst eines Obstbaumes

Trockene Ranken einer Trichterwinde

zuweilen schlapp. Später sind sie sehr robust, wie die meisten Süßgräser.
Konservierung: Junge, grüne, halb entfaltete Windhalmblütenstände trocknet man am besten liegend in nicht zu dichter Schichtung. Geöffnete Blütenrispen werden stehend getrocknet, um die Blütenform zu erhalten. Ausgebleichtes, bereits abgestorbenes Gras bewahrt man ebenfalls stehend auf.
Bemerkung: Wegen seines massenhaften Vorkommens ist Windhalm ein wichtiges Gras für die Floristik. Außerdem ist es dekorativ und erzeugt viel Effekt. Besonders das ausgebleichte Gras ist für Frühjahrsgebinde glaubhaft, wenn Zwiebelgewächse sich durch abgestorbene Pflanzenteile des Vorjahres ihren Weg bahnen.

Abschied vom Sommer

Gestaltung: Ein toter Ast dient der Clematisranke als Kletterhilfe in dieser vegetativen Gestaltung. Man könnte Clematis kaum besser darstellen, als in dieser Kargheit, in der das Auge die Wuchsverläufe der unterschiedlichen Gehölze gut nachvollziehen kann. Die Keramikvase, etwas knubbelig und schief, sieht aus wie ein Stück Bambusrohr und steht mit derselben Zufälligkeit in dieser kleinen Spätsommerszene wie die anderen gesammelten Werke auf dem alten Gartentisch.
Technik: Die Zweige des abgestorbenen Astes wurden in die Öffnung des Gefäßes hineingeklemmt, so daß eine gute Festigkeit entstand. Anschließend wurde das Rankengewirk leicht hineingehängt.
Farben: Violett, helles Gelb, helles Grün, Moosgrün, Graubraun. Das Gefäß ist bambusfarben, bräunlich geädert.

Aussage: Die Kargheit der Gestaltung und die abgestorbenen Äste symbolisieren Abschied, Abschied vom Sommer mit seiner Üppigkeit und seinem vielen Grün. Gleichzeitig drückt das Bild, von der Abendsonne beschienen, sehr viel Wärme, Ruhe und Zuversicht aus. Abschied bedeutet eben auch immer Neuanfang – der Herbst beginnt.
Hinweis: Clematisblüten sind sehr hübsche und haltbare Schnittblumen. Man muß jedoch darauf achten, nie zu lange Ranken zu verwenden. Viele Blüten und reichliches Blattwerk verbrauchen viel Flüssigkeit. Die maximale Rankenlänge für großblumige Blüten, die ohnehin leichter schlapp werden, liegt bei etwa 50 cm, die der kleinblumigen Arten können doppelt so lang sein.

Schnittblumen im Sommer

Stauden

Aster-Arten,
Aster amellus, Aster × frikartii
Ballonblume,
Platycodon grandiflorus
Bunte Margerite,
Chrysanthemum coccineum
Edeldistel-Arten,
Eryngium giganteum, E. planum, E. alpinum
Eisenhut, *Aconitum*
Feinstrahlastern,
Erigeron-Hybriden
Fingerhut, *Digitalis grandiflora*
Flammenblume,
Phlox-Paniculata-Hybriden
Frauenmantel, *Alchemilla*
Garben-Arten, *Achillea*
Geißbart, *Aruncus dioicus*
Gelenkblume,
Physostegia virginiana
Glockenblumen,
Campanula glomerata, C. lactiflora, C. persicifolia, C. pyrimidalis
Hundskamille, *Anthemis*
Indianernessel, *Monarda*
Schwertlilien, diverse Sorten, *Iris*
Kokardenblume,
Gaillardia aristata
Kreuzblume, *Ligularia przewalskii*
Kugeldistel, *Echinops ritro*
Lauch-Arten,
Allium carinatum, A. christophii, A. giganteum
Lavendel, *Lavandula angustifolia*
Leinkraut, *Linaria purpurea*
Mädchenauge, *Coreopsis gigantea, C. grandiflora, C. lanceolata*
Margerite, *Leucanthemum vulgare*
Nelken-Arten,
Dianthus caryophyllus, D. barbatus, D. plumarius
Perlpfötchen, *Anaphalis*
Prachtscharte, *Liatris spicata*
Prachtspiere,
Astilbe-Ardendsii-Hybriden
Purpurglöckchen,
Heuchera-Hybriden
Rittersporn,
Delphinium nudicaule, D. grandiflorum und Hybriden
Salbei, *Salvia nemorosa*
Schildblume, *Chelone obliqua*
Schleierkraut,
Gypsophila paniculata
Skabiose, *Scabiosa caucasica*
Sonnenbraut, *Helenium*-Hybriden
Sonnenhut, *Echinacea purpurea*
Staudenwicke, *Lathyrus latifolius*
Steppenkerze,
Eremurus stenophyllus
Sterndolde, *Astrantia*
Stockrose, *Alcea*
Taglilien, *Hemerocallis*-Sorten

Zweige mit Fruchtbehang

Schneeball, *Viburnum opulus*
Felsenbirne, *Amelanchier ovalis*
Kirsche, *Prunus*
Johannisbeere, *Ribes*
Himbeere, *Rubus ideaeus*
Hagebutte von *Rosa glauca, Rosa pimpinellifolia*
Eberesche, *Sorbus aucuparia*

Ein- und zweijährige Sommerblumen

Astblume, *Cladanthus arabicus*
Astern, *Callistephus chinensis*
Bienensaug,
Phacelia campanularia
Borretsch, *Borago officinalis*
Dahlien-Hybriden
Gartenfuchsschwanz,
Amaranthus caudatus
Jungfer im Grünen,
Nigella damascena
Kapuzinerkresse,
Tropaeolum-Hybriden
Kornblume, *Centaurea cyanus*
Kornrade, *Agrostemma githago*
Kosmee, *Cosmos bipinnatus*
Kugelamarant, *Gomphrena globosa*
Leberbalsam,
Ageratum houstonianum
Levkoje, *Matthiola incana*
Löwenmaul, *Antirrhinum majus*
Muschelblume, *Moluccella laevis*
Ochsenzunge, *Anchusa capensis*
Resede, *Reseda odorata*
Ringelblume, *Calendula officinalis*
Salbei-Arten,
Salvia sclarea, S. farinacea, S. viridis
Sanvitalie, *Sanvitalia procumbens*
Schlafmützchen,
Eschscholtzia californica
Schleifenblume, *Iberis umbellata*
Schöngesicht, *Coreopsis tinctoria*
Sommermalve, *Lavatera trimestris*
Sommerphlox,
Phlox drummondii
Sommerrittersporn,
Delphinium consolida, D. ajacis
Sonnenblume, *Helianthus annuus*
Sonnenflügel, *Helipterum roseum, H. manglesii*
Sonnenhut, *Rudbeckia hirta*
Spinnenpflanze,
Cleome hassleriana
Statice, *Limonium suworowii*
Stockrose, *Alcea rosea*
Studentenblume, *Tagetes*-Erecta-Hybriden, *T.*-Patula-Hybriden
Trachelium, *Trachelium caeruleum*
Verbenen, *Verbena*-Hybriden

Wohlriechende Wicke, *Lathyrus odoratus*
Wolfsmilch, *Euphorbia marginata*
Wucherblume, *Chrysanthemum carinatum, C. segetum*
Zinnie, *Zinnia elegans*

Standard und Importe

Inkalilien, gelb, rot, *Alstroemeria*
Chrysanthemen, verzweigte, gelb, weiß, *Dendranthema-Grandiflorum-Hybriden*
Nelken, alle Farben, *Dianthus*
Freesien, alle Farben, *Freesia*
Gerbera, alle Farben
Schwertlilien, alle Farben, *Iris*
Lilien, rosa, rot, weiß, gelb, *Lilium*
Rosen, alle Farben
Gladiolen, alle Farben, *Gladiolus*

Beiwerk im Sommer

Wildpflanzen

Acker-Winde, *Convolvulus arvensis*
Ampfer-Arten, *Rumex obtusifolius, R. conglomeratus, R. acetosella, R. acetosa, R. crispus*
Blutweiderich, *Lythrum salicaria*
Echtes Johanniskraut, *Hypericum perforatum*
Löffelkraut, *Cochlearia officinalis*
Erdrauch, *Fumaria officinalis*
Hornklee, *Lotus corniculatus*
Leimkraut, *Silene vulgaris*
Natterkopf, *Echium vulgare*
Seifenkraut, *Saponaria officinalis*
Gilbweiderich, *Lysimachia vulgaris*
Giersch, *Aegopodium podagraria*
Hundspetersilie, *Aethusa cynapium*
Kleiner Odermenning, *Agrimonia eupatoria*
Klee-Arten, *Trifolium pratense, T. medium, T. arvense, T. incarnatum*
Kleine Bibernelle, *Pimpinella saxifraga*
Knöterich-Arten, *Polygonum minus, P. persicaria*
Lichtnelken-Arten, *Silene pratensis*
Moschus-Malve, *Malva moschata*
Oregano, *Origanum vulgare*
Pastinak, *Pastinaka sativa*
Schierlings-Reiherschnabel, *Erodium cicutarium*
Schutt-Kresse, *Lepidium densiflorum*
Steinklee-Arten, *Melilotus alba, M. officinalis*
Vogelwicke, *Vicia cracca*
Weidenröschen-Arten, *Epilobium angustifolium, E. hirsutum, E. parviflorum, E. montanum, E. roseum, E. palustre*
Wiesen-Bärenklau, *Heracleum spondylium*
Wiesen-Labkraut, *Galium mollugo*
Wiesen-Storchenschnabel, *Geranium pratense*
Wilde Engelwurz, *Angelika sylvestris*
Wilde Möhre, *Daucus carota*
Zaunwinde, *Calystegia sepium*
Ziest-Arten, *Stachys sylvatica, S. palustris*

Gräser

Gewöhnliche Quecke, *Agropyron repens*
Glatthafer, *Arrhenatherum elatius*
Rispengras, *Poa trivialis*
Rotes Straußgras, *Agrostis tenuis*
Schmielen-Arten, *Deschampsia cespitosa, D. flexuosa*
Schwingel-Arten, *Festuca pratensis, F. gigantea, F. rubra, F. tenuifolia*
Seggen-Arten, *Carex remota, C. disticha, C. arenaria, C. paniculata*
Wald-Trespe, *Bromus ramosus*
Weiches Honiggras, *Holcus mollis*
Wiesenknäuelgras, *Dactylis glomerata*
Windhalm, *Apera spica-venti*
Zittergras, *Briza media*

Laub von Gehölzen

Blutbuche, *Fagus sylvatica* f. *purpurea*
Eiche, *Quercus*
Himbeere, *Rubus idaeus*
Rotbuche, *Fagus sylvatica*
Spitzahorn, *Acer plantanoides*
Traubenkirsche, *Prunus padus*
Weißpappel, *Populus alba*

Importe, Treibhausgewächse und Stauden

Asparagus-Arten, *Asparagus setaceus, A. densiflorus, A. umbellatus*
Bärgras, *Xerophyllum*
Erdbeere, *Fragaria*
Farn, *Pteris tremula*
Flamingoblume, *Anthurium-Andreanum-Hybriden*
Frauenhaar-Farn, *Adiantum raddianum*
Geißbart, *Aruncus*
Pfingstrose, *Paeonia*
Prachtspiere, *Astilbe*

Herbst

Das Spiel der Farben beginnt – Herbststimmung

Während die letzten Septembertage oft in trüber Nieselregenbrühe dahinschwimmen und die Feuchtigkeit mit Schimmelpilz und Fäulnis ihr Gartenfest feiert, macht sich dann Anfang Oktober oft eine stabile Schönwetterzone breit. Anhaltender Sonnenschein und warme Temperaturen lassen die Natur noch einmal durchatmen und sich zu einem letzten Farbenrausch hinreißen. Anders kann man es wohl kaum nennen, denn so kräftig lodern die Farben selten auf, wie in den goldenen Oktobertagen. Besonders kurz vor Sonnenuntergang bis zur Dunkelheit strahlen im Garten die Lila- und Rottöne der Astern und letzten Rosenblüten. Der Zaunkönig nimmermüde, schmettert sein Lied in den Abendhimmel und die Amseln huschen durchs Unterholz. Für sie ist der Tisch jetzt reichlich gedeckt. Das Früchteangebot ist enorm. Die schwer beerenbesetzten Zweige von Weißdorn leuchten rot in der Sonne. Es ist eine Pracht. Daneben stehen Holunderbüsche, schwarz von Früchten und »Muultrecker«, wie die Norddeutschen die Schlehen nennen, weil die Säure sie den Mund verziehen läßt. Die Blätter in der Kastanienallee beginnen gelb zu werden und die Kastanien landen hin und wieder mit einem »Ploink« auf dem Autodach. Kinder wieseln am Straßenrand und in den Gräben herum und suchen nach den wunderbar rotbraun glänzenden Früchten. Mitsamt ihrem grünen Stachelkleid und einigen Blättern ergeben sie auf einem passenden Teller eine schöne, kleine Herbstszene. Die Blätter fallen und fallen und einige Tage später beschleunigt kräftiger Wind den Vorgang noch erheblich. Er zerrt an den Bäumen und fetzt und hetzt das Blattwerk von einer Ecke in die andere. Vor einigen Tagen noch waren rötliche Blätter vom wilden Wein zu pflücken. Man sah es der Blattmasse kaum an, daß sie schon seit Tagen ausgelichtet wurde. Die Blätter und Ranken sind ein Kleinod für klassisch herbstliche Sträuße mit letzten Freilandrosen. Nun ist die Wand plötzlich nackt und kahl, fast alle Blätter sind ab. Nur hier und dort sitzt noch eines an dem Blattstielen und winkt und zappelt im Wind. Es ist aus, vorbei. Auf Wiedersehen, bis zum nächsten Jahr.

Sommer ade – Das Blumenangebot im Herbst

Bunt liebt man es jetzt bis zur Dissonanz. Knallrote, stachelige, hagebuttenbesetzte Zweige ragen zwischen lila Chrysanthemen-Astern hervor. Orangefarbene Fackellilien, blauer Eisenhut und blaues Septemberkraut gehören genauso zu diesem Strauß wie gelbes Reitgras und Rutenhirse. Einige trokkene Samenstände vom Wiesenkerbel geistern als Erinnerung an den Sommer zwischen den Blüten herum – es ist Herbst.
Es ist Herbst, und es geht etwas rauher zu als in den anderen Jahreszeiten. Man ist großzügig, duldet Wetterspuren auf den Blüten und Blättern und findet Gefallen an herben Gerüchen. Großblumiges hat Hochkonjunktur. Immer noch gibt es Sommerblumen. Lilien in allen Farbschattierungen, die sich wunderbar mit Astern-Arten kombinieren lassen. Ihre Vielfalt ist immens. Fügt man einige Freilandrosen, Montbretien, Dillblüten, Phlox und verfärbtes Laub sowie Liguster oder Holunderbeerenzweige hinzu, hat man den klassischen, herbstlichen Bauerngartenstrauß kreiert. In solche Sträuße lassen sich sogar einzelne große Chrysanthemenblüten einarbeiten, die man oft wegen fehlender Kombinationsmöglichkeiten solo verkauft und ihnen nur Zweige und Gräser hinzustellt. Jetzt ist eigentlich auch die Zeit der vielen verzweigten Chrysanthemen-Sorten, den Bonnies, die es das ganze Jahr hindurch gibt. Aber ihr margeritenblütiges Antlitz gehört eigentlich in den Sommer, aber auch im Sommer wollen die Chrysanthemen nicht so recht passen. Diese Blume ist ein züchterisches Produkt als Antwort auf ein Käuferverhalten, das in erster Linie auf Haltbarkeit achtet und in der einfältigsten Form der Blüte Zufriedenheit findet. So kauft man eben im Frühling gelb- und rosafarbene, im Sommer mehr die Weißen und im Herbst braun- und lilafarbene Bonnies. Bonnies sind damit ein typisches Zeichen für unsere Industrialisierung und Naturferne. Nelken und Gerbera behaupten ihren Platz und werden in herbstliche Gewänder gehüllt. Noch gibt es vielfältigen Freilandflor. Allen Blumen voran leuchtet die Dahlienpracht. Dieses südamerikanische Farbwunder Dahlie will zwar in einen naturnahen Garten nicht so recht hineinpassen, aber als Schnittblume regt sie die Gestaltungslust gewaltig an. Die eher altmodisch aussehenden Pompondahlien lassen sich gern mit Rosen ein und können mit kleinen Blüten von Frauenmantel, Sterndolde und Scharlachsalbei ergänzt werden. Auch Fetthenne paßt dazu und wieder Hagebutten, die es in vielen Variationen gibt. Obstbehangene Zweige, auch Zierobst, Physalis und die Kermesbeere, Stechapfel und Artischocke geben

Schnittblumen im Herbst Seite 196

Pflanzenlisten Beiwerk Seite 197

stimmungsvollen, sehr herbsttypischen Ausdruck. Mittlerweile gibt es natürlich auch schon vermehrt Importe von der anderen Seite der Erdkugel, wo nun der Frühling Einzug gehalten hat. Aber wirklich gebraucht werden die Ingwerblüten, Wachsblumen und Proteen eigentlich nicht.

Sonnengebleicht und wettergegerbt – Beiwerk im Herbst

In der zweiten Septemberhälfte ist offizieller Herbstanfang. Der aufmerksame Beobachter hat aber schon viel früher herbstliche Aspekte wahrgenommen, denn Herbst, auf ein einzelnes Individuum bezogen, bedeutet ein fortgeschrittenes Reifestadium. So sind Gräser, die ihre Hochzeit im Juni hatten, im August schon abgestorben. Kombiniert man sie mit Ebereschenbeeren und dem Samenstand des Wiesenkerbels, hat man einen herbstlichen Ausdruck geschaffen. Anfang Oktober ist unverkennbar Herbst. Die Straßenränder wurden vielerorts gründlich ausrasiert und aufgeräumt, sonst stünden sie jetzt voller Samenstände der Sommerblüher und so manches Gras wäre sonnengebleicht und wettergegerbt, gerade richtig für die naturnahe Herbstbinderei. Nun, es gibt immer noch genug Pflückstellen, wo man sich mit dem Nötigen versorgen kann. Bauland, das bisher unbebaut blieb, bietet oft einen guten Grundstock. Dort wächst Rainfarn, Goldrute, Gilbweiderich, Weidenröschen, Seifenkraut, Johanniskraut, die jetzt alle im Samenstand stehen und damit meist braun sind. In gelbverfärbter Segge und Reitgras finden sich auch zwei sehr attraktive Herbstgräser. Riesige Brombeerpflanzen wuchern an manchen Stellen und hängen immer noch voller Rispen mit halbreifen Früchten – sehr attraktiv. In Hecken finden sich diverse Wildrosenarten, aber auch Hartriegel, Sanddorn, Schneebeeren, Liguster, Traubenkirsche, Silberpappel und Ahorn, der jetzt im leuchtend gelben Blätterkleid dasteht und auch Waldreben sind unübersehbar. Davon kann man eine große Portion ernten und einen Teil zum Trocknen für den Advent weglegen.

Jeder wird in seinem Lebensbereich Orte finden, die er zum Pflücken aufsucht. So bieten jetzt Waldrandgebiete Samenstände der Skabiosen-Flockenblume, Himbeerlaub, Weidenröschen und ausgebleichte Grasblüten von Schmielen und Straußgräsern. Im Bereich großer Baustellen, wo die Erdhaufen lange herumliegen, haben sich viele einjährige Pflanzen, wie Rauken, Hirtentäschel, Windenknöterich, Kornblumen, Weidenröschen und Windhalm angesiedelt. Straßenrandbewuchs, der bereits im August gemäht wurde, kann jetzt noch mit blühenden Gräsern, Rainfarn, Schafgarbe und Ampfer aufwarten. Außerdem gibt es im Bereich von Ackerbau blühendes Hirtentäschelkraut und blühende Kamillen. Im Randbereich von Maisfeldern findet man als Begleitwuchs oft Hirsegräser. Ansonsten bieten sich jetzt Schilfrohr, Reitgräser und Straußgräser mit Grasblüte an. Grasblätter gibt es von Schilfrohr, Reitgräsern und von Seggen in gelber Verfärbung. Herbstliche Kulturgräser sind das Lampenputzergras, diverse Sorten der Rutenhirse und verschiedene Miscanthus-Arten.

Bäume und Sträucher bekommen im Herbst wieder starke Bedeutung. Neben bereits erwähntem Strauchwerk, mit und ohne Fruchtbehang, sind die Äpfel, Birnen und

Quitten sowie deren Zierformen von großer Attraktivität. Feuerdorn und Cotoneaster-Arten reizen mit ihren knalligen Beeren. Das Laub diverser Ahorn-Arten bringt wunderschöne Farbspiele zwischen Gelb und Rot zustande. Gelb ist die Verfärbung der deutschen Eiche, rot die Verfärbung der in der Binderei viel benutzten amerikanischen Eichen. Wundervoll lebhaft gelbrot verfärbt sich die Felsenbirne. Purpurrot leuchtet das Pfaffenhütchen und von sanftem Braunorange sind die Himbeerblätter aus sonnigen Lagen. Lila bis purpurrote Verfärbungen finden wir bei Forsythien, Schneeball, Liguster, Schwarzem Holunder und Wildem Wein. Auch das Blattwerk einiger Stauden ist bildschön. Ich denke an das Laub der Paeonien, Bergenien, Astilben und Funkien. Aus dem Gemüsegarten hole ich Spargelkraut und Erdbeerblätter. Langsam gewinnen Importe wieder an Bedeutung. Marengo, Eucalyptus und Grevillea, Bärengras und Anthurienblätter kommen mehr und mehr zum Einsatz.

Bergwaldrebe, *Clematis montana* 'Rubens'

Bergbohnenkraut, *Satureja montana*

Fetthenne, *Sedum*

Hortensie, *Hydrangea*-Hybride

Lavendel, *Lavandula angustifolia*

Oregano, *Origanum vulgare*

Pfefferminze, *Mentha piperita*

Strandnelke, *Limonium latifolium*

Zitronenmelisse, *Melissa officinalis*

Formenfülle und Farbenpracht – Natur und Gestaltung

Hortensien und Duft

Gestaltung: Die Abbildung zeigt eine asymmetrisch ausgerichtete, füllige Gestaltung mit Hortensienblüten und Blüten duftender Gewürzkräuter. Jeglicher Versuch, Hortensienblüten und Kräuterblüten mehr miteinander zu vermischen, würde beiden Seiten den Charme nehmen. Das Farbspiel der Hortensien und ihr füllig wolkiges Nebeneinander sollten genauso wenig gestört werden, wie das filigrane Ineinander der Kräuterpflanzen. Verbunden werden die in den Strukturen gegensätzlichen Pflanzen durch ein gemeinsames Farbspiel und die umspielende Clematis-Ranke. Schließlich vereint das Gefäß wesentliche Merkmale beider Pflanzenarten in seiner Oberflächenmalerei.
Technik: Zuerst wurden die Kräuterpflanzen als Gesamtmasse in das Gefäß hineingestellt und leicht schräg ausgerichtet. Ihre vielen Verzweigungen geben den anschließend hinzugestellten Hortensien den nötigen Halt.
Farben: Die Pflanzen haben ein breites Spektrum von fernen Pastelltönen, ebenso das Gefäß.
Aussage: In dieser frühherbstlichen Gestaltung wird der Herbst in aller Lieblichkeit dargestellt. Fast noch sommerlich, möchte man meinen, wenn da nicht die den Hortensien anhaftende mystische Stimmung wäre und einige abgefallene Blättchen auf dem betagten Gartentisch lägen. Vergänglichkeit liegt in der Luft.
Hinweis: Gebinde dieser Art kann man lange stehenlassen. Mit ein wenig Wasser im Gefäß trocknen sie ein, so daß man noch im Winter Hortensien und Duft genießen kann.

Oregano, *Origanum vulgare*

Standort: Der wilde Majoran stammt ursprünglich aus dem Mittelmeerraum, hat sich aber in vielen Ländern Europas angesiedelt. Er liebt einen sonnigen Platz und warme, durchlässige Böden.
Pflücktermin: Das blühende Kraut findet man ab Juli bis September. Danach ist die samentragende Pflanze in oft rotbrauner Verfärbung interessant. Die abgestorbene Pflanze im Winter ist von eigentümlicher Feinheit.
Verwendung: Oregano ist in Verbindung mit vielen Stauden zu gebrauchen, für romantische Sommersträuße und duftende Gebinde, besonders solche mit naturhaftem Charakter. Eine andere Ausrichtung wäre in Bauerngartengebinden oder klassischen Arrangements zu finden. Kombinationen mit Rosen sind besonders harmonisch. Oregano ist auch im trockenen Zustand für winterliche Duftsträuße in Verbindung mit Frischblumen denkbar, für Trockensträuße sowieso.
Haltbarkeit: Das fast holzige Gewürzkraut ist besonders zählebig, wenn es einen sonnigen Standort auf magerem Boden hat, zählt aber ohnehin zu den sehr gut haltbaren Schnittkräutern für die Vase.
Bemerkung: Sämtliche Gewürzkräuter des Mittelmeerraumes sind haltbare Schnittkräuter, die außer ihrem schönen Habitus noch den besonderen Reiz der ätherischen Duftöle mit sich bringen, der den Pflanzen beim Trockenvorgang nicht verlorengeht.

Lilienblütiger Beerenstrauß

Gestaltung: Dieser herbstlich anklingende, dekorativ gestaltete Vasenstrauß wird bestimmt durch das Wesen der Lilie. Hortensie und Rose sind angrenzende und ergänzende Charaktere. Die für Liliengebinde nötige Eleganz bringen Tamariske, Symphoricarpos und Rutenhirse. Eine besondere Note allerdings erhält der Strauß durch den Einsatz der vielen verschiedenen beerenbesetzten Zweige.
Technik: Beginnend mit der Gestaltung des hohen Mittelteils wurde der Strauß nach üblicher Bindemanier angefertigt.
Farben: Rosa, Purpurrosa, Altrosa, Weinrot, Korallenrot, Rotbraun, Rehbraun, Schwarz und Umbra, mittlere und graue Grüntöne. Das ockerfarbene Gefäß hat schwarze Punkte.
Aussage: Erste rötlich verfärbte Blätter und reife Beeren läuten den Herbst ein und der abgestorbene, kleine Sonnenschirm des Giersch drückt es deutlich aus: Der Sommer ist vorbei.
Hinweis: Bei dem Gebrauch von Beerenzweigen sollte man keine überreifen Früchte verwenden, da sie leicht abfallen und im Zimmer Flecken auf dem Mobiliar oder auf dem Fußboden verursachen können. Es ist auch immer gefährlich, typische Naschbeeren und giftige Beeren in einem Gebinde zu verarbeiten, denn wie schnell ist das Versehen geschehen, und viel zu wenige Menschen kennen sich mit Beeren aus.

Rainfarn, *Tanacetum vulgare*

Standort: Rainfarn wächst am Wegrand, exzessiv in alten Unkrautfluren, auf Bahndämmen, auf sandigem Lehmboden. Er braucht volle Sonne.
Pflücktermin: Rainfarn kann man von Juli bis Weihnachten pflücken, erst das gelbblühende Kraut, dann den braun verfärbten Samenstand und schließlich den abgestorbenen Samenstand.
Verwendung: Mit seinem leuchtend gelben, grob gebauten Blütenstand ist Rainfarn eine recht ländliche, etwas steife Erscheinung. Darum ist er in rustikalen Sommerblumensträußen mit Gräsern in harmonisch abgestimmter Vielfalt gut aufgehoben. In eher elegante Zusammenhänge läßt sich der braune oder goldbesprühte Samenstand im Herbst und Winter einbringen. Rainfarnblüten sind in der Seitenansicht und in der Daraufsicht schön, daher kann man sie recht vielfältig einsetzen, wegen ihrer füllenden Eigenschaft besonders für rundgebundene Sträuße. Im Winter und frühen Frühjahr ist der braune, getrocknete Samenstand geeignet, um die Stimmung der Jahreszeit auszudrücken. Die getrockneten, gelben Blütenstände sind für die Trockenblumenverarbeitung im Zusammenhang mit Getreide und Strohblumen besonders schön.
Haltbarkeit: Rainfarn sollte man erst pflükken, wenn er aufgeblüht ist. Dann hält er problemlos wochenlang in der Vase und in Steckmasse. Sehr knospige Stiele und junges Blattgrün neigen zum Schlappwerden.
Konservierung: Die gelbe Trugdolde kann man zum Trocknen schon im Knospenstadium ernten und in Bündeln aufhängen. Voll erblühter Rainfarn trägt viel Pollen und ist daher, auch wenn er schon durchgetrocknet war, im Herbst sehr anfällig für Schimmelbildung. Also muß man ihn trocken lagern. Braun verblühter Rainfarn trocknet auch im Liegen oder Stehen gut und ist sehr unempfindlich.
Bemerkung: Rainfarn hat einen herben Geruch und ist giftig.

Linke Seite:
Lilienblütiger Beerenstrauß

Giersch, *Aegopodium podagraria*

Hagebutte von *Rosa glauca*

Hagebutte von Rose 'New Dawn'

Hartriegel, *Cornus alba*

Hortensie, *Hydrangea*-Hybride

Korallenbeere, *Symphoricarpos orbiculatus*

Lilie, 'Côte d'Azur'

Purpur-Geißblatt, *Lonicera heckrottii*

Rose 'Silberlachs'

Rutenhirse, *Panicum virgatum*

Schwarzer Holunder, *Sambucus nigra*

Tamariske, *Tamarix gallica*

Traubenkirsche, *Prunus padus*

Rechte Seite:
Schöne Kosmeen

Gartenfuchsschwanz, *Amaranthus caudatus*

Gelbes Laub von *Symphoricarpos*

Kosmee, *Cosmos*

Phlox-Paniculata-Hybride

Schmalblättriges Weidenröschen, *Epilobium angustifolium*

Segge, *Carex*

Parthenocissus tricuspidata 'Veitchii'

Strandnelke, *Limonium latifolium*

Wiesenlabkraut, *Galium mollugo*

Wilde Möhre, *Daucus carota*

Standort: Wilde Möhre sieht man häufig am Straßenrand, in Kieskuhlen und Unkrautbeständen, wenn die Bodenverhältnisse karg sind, sandig und steinig. Sie liebt sehr die Sonne.
Pflücktermin: Die Wilde Möhre blüht von Juli bis Oktober und der stabil gebaute Samenstand ist bis in den Winter hinein zu finden.
Verwendung: Obwohl diese Pflanze nicht gerade kleinwüchsig ist, ist sie doch immer lieblich und anmutig in ihrem Ausdruck. Egal, ob man die weiße Doldenblüte betrachtet oder den eigenwillig zusammengelegten Samenstand. Verwenden läßt sich die Möhrenblüte für leichte und elegante Stimmungslagen, wobei man sie nie eingezwängt und von anderen Blumen bedrängt einsetzen sollte. Ihr Wesen entfaltet sie am besten mit ein wenig Spielraum im Gebinde. Der Trockensamenstand ist für große Trokkenblumengebinde interessant.
Haltbarkeit: Möhrenblüten halten sich gut bis sehr gut, wenn sie voll erblüht sind. Die ersten Exemplare sollte man ankochen. Später, wenn der Zelluloseaufbau in den Stengeln fortgeschritten ist, ist es nicht mehr nötig. In Steckmasse können sie, langstielig verarbeitet, schlapp werden.
Konservierung: Nur die Samenstände sind für das Trocknen geeignet. Man braucht sie nicht aufzuhängen. Die Blüten bilden, wenn man sie preßt, wunderschöne filigrane Rosetten.
Bemerkung: Wenn man Möhren im Gemüsegarten in der Erde überwintern läßt, kommen sie im folgenden Jahr im Sommer zur Blüte, so wie die Wilde Möhre, ihre Ahnin.

Schöne Kosmeen

Gestaltung: Kosmeen sind wunderschön. Man betrachte nur einmal den grazilen Ausdruck dieser Pflanze, der sich in allen Details finden läßt. Filigranes Blattwerk sitzt an festen, aber nicht gerade dünnen, dennoch nicht fleischigen Stengeln. Blank und prall sitzen die Knospen in der Kelchblattrosette, aus der sich recht große, weiße, rosa oder weinrote Blüten entfalten, die einen entzükkenden Ausdruck haben. Die roten Formen haben einen leicht bäuerlichen Charakter, während die weißen sehr jungmädchenhaft wirken. Zusammen mit dem Rainfarn, der das gelbe Auge der Blumen in seiner Form wiederholt, dem Phlox und dem Amaranthus, wurde hier eine Bauerngartenmischung angestrebt, die durch naturhafte Elemente in Altweibersommerstimmung gebracht wurde.

Technik: Der Strauß wurde nach üblicher Art gebunden und mit Bast fixiert.
Farben: helles und dunkles Weinrot, helles Lila, Flieder, helles und sattes Gelb, mittlere und gelbliche Grüntöne und Rotbraun. Das Gefäß aus hellem Ton trägt eine lehmfarbene Glasur und hat einen grauvioletten Schimmer.
Aussage: Noch einmal wurde die ausklingende Stimmung des Altweibersommers aufgegriffen mit den sich versamenden Weidenröschen, die immer ein wenig geheimnisvoll wirken. Bereits rötliches Blattwerk und gelbliche Blätter von Gräsern läuten den Herbst ein.
Hinweis: Beim Verkauf von Sträußen mit Samenständen von Weidenröschen sollte man nicht verheimlichen, daß die kleinen, federleichten Flugkörper ein Eigenleben führen werden. Einige Menschen beobachten diesen Vorgang mit Spannung, andere wollen Schmutz nicht in der Wohnung haben.

Wiesenlabkraut, *Galium mollugo*

Standort: Das Wiesenlabkraut findet man sehr häufig am Straßenrand und am Wegrain, am Waldrand, auf Wiesen und Halbtrockenrasen. Es mag lehmigen, nährstoffreichen Boden.
Pflücktermin: Man kann das blühende Kraut ab Juni bis in den September hinein finden. Ab September bis zum Frost sind die Pflanzen meist samentragend.
Verwendung: Das Labkraut mit seinen bis 1 m lang werdenden Ranken ist für abfließende Gestaltungen von großem Wert. Sein feines Wesen fließt besonders gut in romantische Gebinde ein. Die Pflanze wirkt auch recht altmodisch, was ihr den Weg für altertümlich elegante Gestaltungen frei macht.

Kombinationen mit duftenden, alten Rosensorten oder englischen Rosen sind zauberhaft. Die samentragende Pflanze ist fast noch schöner als die blühende.
Haltbarkeit: Das blühende Kraut ist empfindlicher als das samentragende. Man sollte die Stielenden anbrühen. Ansonsten zählt *Galium mollugo* zu den gut haltbaren Schnittpflanzen.
Konservierung: Man kann die samentragende Pflanze im Herbst trocknen.
Bemerkung: Es gibt viele Labkraut-Arten, einige sind geschützt.

Klatschmohn,
Papaver rhoeas

Standort: Mohn ist ein altes Ackerunkraut, das durch Herbizide sehr in Schach gehalten wird. Es liebt nährstoffreichen, kalkhaltigen Lehmboden. Wir finden im Mohn eine jener »Heftpflasterblumen«, die die offene Erde schnell zuwuchern. So wächst Mohn oft im Bereich von Großbaustellen, Kieskuhlen und am Straßenrand. Auch im Garten stellt sich Klatsch-Mohn oft von selbst ein. Ein fröhli cher Gast.
Pflücktermin: Klatsch-Mohn blüht von Mai bis in den Spätsommer hinein. Von Anfang August bis zum Winter kann man Samenstände finden.
Verwendung: Klatschmohn-Blüten sind neben Kornblumen und Margeriten eines der Hauptelemente der bäuerlichen Frühsommersträuße. Mit Getreideähren, Gräsern und allerlei Wildkraut kombiniert, kann man sehr fröhlich wirkende Sträuße gestalten. Die Samenstände des Mohns finden in herbstlichen Sträußen ihre Variationsmöglichkeiten und sind zu Weihnachten auch vergoldet von großem Liebreiz.

Haltbarkeit: Klatschmohn-Blüten halten sich ein bis zwei Tage und Knospen blühen oft in der Vase noch auf. Die Stielenden der milchsaftführenden Pflanze müssen unbedingt angebrüht werden.
Konservierung: Man wird nur die Samenstände der Pflanze zum Trocknen hereinholen.

Bemerkung: Der Milchsaft des Klatschmohns ist leicht giftig.

Herbstliches Feuer

Gestaltung: Es ist immer wieder erstaunlich, wie feurig die Farben im Herbst auflodern, besonders draußen im Abendlicht. Diese asymmetrisch kompakte Vasenfüllung ist beispielhaft für dieses Szenarium. Gleitende Farbübergänge zwischen Blüten und Fruchtständen lassen das ganze zu einer Einheit verschmelzen und bizarre, bereits abgestorbene Pflanzenteile zeigen deutlich, daß wir bereits mitten im Herbst stehen.
Technik: Beginnend bei den aufstrebenden Pflanzen des mittleren Bereiches wurden die Stiele der Pflanzen nach und nach schräg aneinandergelegt. Dabei wurde der Strauß in der Hand mehrfach gedreht.
Farben: Sonnengelb, Signalrot, Zinnoberrot, Orangerot, Orange, Gelborange, Gelbgrün, mittleres Grün, dunkles Grün, Beigebraun, Dunkelbraun. Die Kristallglasvase trägt eine dunkle Zeichnung.
Aussage: Das Gebinde spricht von Lebenskraft und Wärme. Deutet aber durch seine bereits abgestorbenen Pflanzenteile auf das nahe Ende der Vegetationsperiode hin.
Hinweis: Es gibt viele verschiedene Wildrosenarten mit unterschiedlichen Hagebuttenformen. Angefangen bei den sehr kleinen Früchten der *Rosa multiflora* über mittelgroße, längliche, runde oder birnenförmige bis zu den großen Früchten der *Rosa rugosa,* die bei uns häufig am Straßenrand anzutreffen ist. Sie heißt auch Kartoffelrose wegen ihres kartoffelähnlichen Laubes und trägt ein dichtbewehrtes Stachelkleid. Ohne Schutzhandschuhe kann man Zweige von *Rosa rugosa* kaum schneiden oder entdornen.

Zwischen Labkraut und Silbertalern

Gemeiner Rainkohl, *Lapsana communis*

Hagebutten von *Rosa glauca*

Hasen-Klee, *Trifolium arvense*

Mondviole, *Lunaria*

Rose 'Ambassador'

Rotes Straußgras, *Agrostis tenuis*

Segge, *Carex*

Skabiose *Centaurea scabiosa*

Hundsrauke, *Erucastrum nasturtiifolium*

Wiesenlabkraut, *Galium mollugo*

Linke Seite: Herbstliches Feuer

Celosia argentea var. *plumosa*

Dahlie 'David Howard'

Schmiele, *Deschampsia flexuosa*

Goldrute, *Solidago canadensis*

Hagebutten von *Rosa rugosa*

Klatschmohn, *Papaver rhoeas*

Rainfarn, *Tanacetum vulgare*

Rose 'Sutter's Gold'

Stechender Hohlzahn, *Galeopsis tetrahit*

Hundsrauke, *Erucastrum nasturtiifolium*

Zwischen Labkraut und Silbertalern

Gestaltung: Mehr im Untergrund, zwischen Hagebutten, Rauke und Silbertalern, Gräsern und allerlei Samenständen halten sich die einzigen Blüten dieses Straußes verborgen. Nur am Vasenrand ist eine Blüte der schönen Rosen dem Betrachter zugewandt.

Die Gestaltung ist wildhaft und leicht überdimensioniert in ihren Ausmaßen, hat aber ihren Schwerpunkt im Rosenbereich. Nachbarliche warme Farben geben dem Gebinde einen sanften Klang.

Technik: Der Strauß wurde in üblicher Art hergestellt und steht ungebunden im gelben Gefäß.

Rechte Seite:
Abschied

Blutweiderich, *Lythrum salicaria*

Blutpflaume, *Prunus cerasifera* Atropurpurea-Hybride

Echtes Mädesüß, *Filipendula ulmaria*

Feinhalmmiscanthus, *Miscanthus sinensis* 'Gracillimus'

Funkie, *Hosta*

Gemeiner Rainkohl, *Lapsana communis*

Kermesbeere, *Phytolacca americana*

Leinkraut, *Linaria purpurea*

Septemberkraut, *Aster ericoides*

Skabiosen-Flockenblume, *Centaurea scabiosa*

Sumpf-Kratzdistel, *Cirsium palustre*

Teppich-Knöterich, *Polygonum affine*

Traubenkirsche, *Prunus padus*

Weidenröschen, *Epilobium*

Wiesenraute, *Thalictrum*

Waldrebe, *Clematis vitalba*

Ysop, *Hyssopus*

Farben: Backsteinrot, Bernsteingelb, gelbliches Grün, bläuliches Grün, Beige, Ocker und Graubrauntöne. Die Glasur der Vase ist hellgelb mit grünbrauner Bemalung.
Aussage: Je weiter der Herbst voranschreitet, desto unblumiger ist die Natur, wie dieser Strauß zeigt. Außerdem vermittelt er als Gesamtausdruck das Wesen von Rosen.
Hinweis: Rosenblüten finden wir im Freiland noch bis Weihnachten, wenn starke Fröste ihnen nicht den Garaus machten. Sie können viel Wind und Wetter vertragen und man kann sie gut mit sparrigen und schroffen Pflanzenteilen zusammenbringen, sofern sie eine gewisse Herbheit in sich tragen.

Skabiosen-Flockenblume, *Centaurea scabiosa*

Standort: *Centaurea scabiosa* liebt lehmigen Boden. Man trifft sie auf Trockenrasen und Wiesen und am Straßenrand. Sie liebt sonnige Standorte und ist häufig.

Pflücktermin: Die blühende Pflanze ist ab Juli zu finden. Die hübschen Samenstände sind ab September ausgebildet. Noch im Winter kann man die inzwischen grau und etwas mürbe gewordenen Pflanzenteile pflücken.
Verwendung: Diese Pflanze ist am besten in naturhaften Sträußen zur Zeit des Altweibersommers aufgehoben. Der Samenstand findet den ganzen Herbst und Winter hindurch seinen Platz in Arrangements mit frischen Blüten und entsprechend winterlichem Beiwerk. Zur Weihnachtszeit mit Goldbronze besprüht, ist er besonders hübsch anzusehen.
Haltbarkeit: Skabiosen-Flockenblumen sind von mittlerer Haltbarkeit, und sind in Steckmasse verwendbar.
Konservierung: Für das Trocknen empfiehlt sich hauptsächlich der Samenstand, den man allerdings auch getrost bis zum Herbst oder Winter draußen stehenlassen kann und ihn pflücken, wenn man ihn braucht.
Bemerkung: Es gibt diverse Flockenblumenarten, geschützt ist die blauviolett blühende Filz-Flockenblume.

Echtes Mädesüß, *Filipendula ulmaria*

Standort: Auf nassen Ton-, Lehm- und Sandböden kommt dieses duftende Kraut vor. Auf nassen Wiesen, an den Ufern von Gewässern und in Auwäldern.
Pflücktermin: Von Juni bis Ende August etwa blüht die Pflanze. Danach kann man bis in den tiefen Herbst hinein den Samenstand schneiden.
Verwendung: Der üppig flauschige Blütenstand ist recht dominant im Ausdruck, was ihm die Partnerschaft mit Großblumigem

anbietet. Man kann das Mädesüß bäuerlich oder elegant mit vielen langen Gräsern und Lilien arrangieren. Der grüne Samenstand wirkt eigenwillig und dezenter als die Blüte. Füllig, wie er ist, läßt er sich auch gut für kurze, rundgebundene Sträuße verwenden.
Haltbarkeit: Man darf die Blüten des Mädesüß nicht zu früh schneiden, sonst schlappen sie leicht. Erst wenn der Blütenstand halbgeöffnet ist, kann man es wagen. Die Stielenden werden unbedingt angekocht, und ein großer Teil des Blattwerks muß entfernt werden. Der Samenstand der Pflanze ist stabil und unempfindlich. Nur ihn kann man für eine Verwendung in Steckmasse empfehlen.
Konservierung: Getrocknete Blüten des Mädesüß sind nicht besonders attraktiv. Der Samenstand dagegen ist recht brauchbar und golden besprüht zur Weihnachtszeit sehr lieblich im Ausdruck.
Bemerkung: Mädesüß als Duftpflanze ist getrocknet auch für Potpourris interessant.

Abschied

Gestaltung: Dieses Gesteck ist von graziler Fülle, was widersprüchlich klingt. Aber es stimmt. Viele feine Strukturen stehen in lichter Nachbarschaft. Es ist ein Ineinander letzter Wildblüten, Beeren, Gräser und Blätter.
Aus dem Japanischen kommt die Art, den Gefäßrand eines Arrangements nicht mit Pflanzen zu verdecken. Dieser kleine Kunstgriff gibt dieser Gestaltung eine eigentümliche Ästhetik. Gesteck und Gefäß korrespondieren und werden gleichrangig zur Geltung gebracht.
Technik: Die Pflanzen wurden in Steckmasse gesteckt.

Farben: Violett, rötliches Braun, altrosa Brauntöne, gleitende Gelb- und Grüntöne, Braunrot bis Schwarz. Das Gefäß trägt eine Aschenbrandglasur in warmen Brauntönen.
Aussage: Letzte Wildblumen in diffuser Farbgebung und ein wenig dunkles Laub, dunkle Beeren, halbabgestorbene Blätter und die Gestaltungsart bringen Vergeistigung und eine leichte Melancholie zum Ausdruck.
Hinweis: Gestecke dieser Art kann man so gesteckt eintrocknen lassen. Die Pflanzen werden gut in Form und Farbe bleiben, da sie bereits viel Zellulose aufgebaut haben.

Blutweiderich, *Lythrum salicaria*

Standort: Der Blutweiderich ist in nassen Bereichen auf schweren Böden anzutreffen. In Gräben, auf nassen Wiesen und am Rande stehender und fließender Gewässer.

Pflücktermin: Seine Blütezeit beginnt ab Juli und dauert bis September. Den Herbst hindurch bietet sich sein Samenstand an.
Verwendung: Der auffällig violettrote Blütenstand läßt sich am besten in fülligen Sträußen in Violettblau oder mit Gelb als starkes Gegenüber gestalten. Denkbar sind auch knallig bunte Gebinde im Zusammenhang mit Dahlien. Der dezent rötlich überlaufende Samenstand ist im Herbst ideal für rustikale Sträuße mit Chrysanthemen-Arten.
Haltbarkeit: Sowohl die Blüte als auch der Samenstand sind sehr haltbar. Den Stiel der jungen Blüte sollte man anbrühen und nicht in Steckmasse verwenden.
Konservierung: Blütenstände werden in Bündeln zum Trocknen aufgehängt. Samenstände kann man liegend trocknen.
Bemerkung: Blutweiderich ist unverwechselbar.

Mit Kerzenschein und rosa Pfeffer

Gestaltung: Die altertümlich wirkende Schalenfüllung ist einseitig ausgerichtet. Man könnte das Arrangement als Tischschmuck ans Ende einer Tafel für ein abendliches Festessen setzen.
Ausgesucht skurrile Formen in eigenwilliger Anordnung umgeben die Lilienblüten wie ein Modellkleid, das auch im Farbspiel besondere Nuancen aufweist. Die Gestaltung bewegt sich im Bereich weicher, zurückhaltender Rot-Grün-Kontraste. Sie konnte recht flach ausgearbeitet werden, da der Gestaltungsschwerpunkt durch die abfließenden Elemente tief liegt.
Technik: Die Pflanzen wurden locker in das Gefäß eingestellt, ohne Steckhilfe. Lediglich die Weinranken wurden zu Ringen gebogen und mit Draht fixiert.

Farben: Rosenholzrot, Altrosa, Perlrosa, Apricot, Orangerot, helles und gelbliches Grün, Schilfgrün und silbrig graues Grün. Das Gefäß ist schimmelgrün, schiefergrau und gold.
Aussage: Das Arrangement wirkt edel und feierlich dekorativ.
Hinweis: Gefäße dieser Art sind nicht wahrhaftig sondern dekorativ in ihrem Wesen.

Riesen-Goldrute, *Solidago gigantea*

Standort: Goldrute ist Lehmanzeigerpflanze. In sonnigen und halbschattigen Lagen im Bereich von Laubwäldern, auf Brachland, an Ufern und Wegrändern, wo genügend Feuchtigkeit vorhanden ist, wächst die Goldrute meist in dichten Beständen.

Pflücktermin: Im August beginnen sich die vielen kleinen Korbblütchen des großen Blütenstandes zu öffnen. Von Mitte September bis zum Frost kann man den Samenstand schneiden. Sogar die abgestorbene Pflanze hat ihre Reize. Wenn man sie mit Goldbronze besprüht, leuchten dem Betrachter viele kleine Sternchen entgegen.
Verwendung: *Solidago gigantea* ist von allen Goldruten-Arten die großwüchsigste und dabei noch recht elegant in ihrem Wesen. Ihr Gelb ist recht hell und die Blütenrispen sind schwungvoll in ihren Verästelungen, die man übrigens für kleine Sträuße recht gut zerteilen kann. Ansonsten ist diese Art eher ein Partner für Großblütiges wie Gerbera, Lilien, Rittersporn und Sonnenblumen. Kleinere Formen dieser Spezies bringen neben Rainfarn den nötigen Sonnenschein in

Mit Kerzenschein und rosa Pfeffer

Dill, *Anethum graveolens*

Feinhalmmiscanthus, *Miscanthus sinensis* 'Gracillimus'

Hagebutten von *Rosa* 'Venusta pendula'

Kartoffelrose, *Rosa rugosa*

Liguster, *Ligustrum*

Lilie, 'Korsika'

Pfeffer, *Piper nigrum*

Spargel, *Asparagus officinalis*

Waldrebe, *Clematis vitalba*

Weinrebe, *Vitis vinifera*

romantische Hoch- und Spätsommergestaltungen. Sobald die Pflanze abgeblüht ist, läßt sie sich wunderbar als füllendes Element einarbeiten, wie auch die blütenlos gebliebenen Triebe dieser Staude. Goldrute ist besonders geeignet für Sträuße, die getrocknet werden sollen. Trockene Samenstände sehen weich und puschelig aus und füllen dabei ungemein, was sie gerade für die Trockenblumenbinderei begehrenswert macht.

Haltbarkeit: Goldrute ist eine sehr haltbare, unempfindliche Schnittblume.

Konservierung: Blüten und junge Samenstände werden hängend oder auch stehend getrocknet. Ältere Samenstände reifen nach und verlieren dann ihre flauschigen Flugkörper.

Bemerkung: Auf den ersten Blick sehen die Samenstände so mancher Pflanze unattraktiv aus. Sie sind es in gewisser Weise auch, aber gerade dieser Umstand macht sie für die Gestaltung attraktiv. Sie können in die Funktion der Kulisse treten für andere Blumen, die gerade ihren Auftritt haben. Die Goldrute gehört zu diesen Pflanzen.

Zotteliger Herbststrauß

Gestaltung: Ohne die seitlich ausschwingenden Partien wäre dieser fast kugelförmige, rustikale Herbststrauß unter bäuerlich einzuordnen. Durch das wilde Gras entzieht er sich dieser Schublade und wird zum zotteligen Eigenbrötler. Das Farbspiel in warmen

Tönen bis hin zum Violettstich ist herbsttypisch.
Technik: Der Strauß wurde nach üblicher Bindetechnik gefertigt.
Farben: Grüngelb, Altgelb, Hellgelb, leuchtendes Rot, Rotbraun, Rehbraun, Rostbraun, sattes Grün, mittleres Grün, Gelbgrün und Hellviolett. Die Glasur des Gefäßes ist sandfarben mit lehmfarbenen und taubenblaugraufarbenen Streifen.
Aussage: Das derbe Wesen des Herbstes und der bodennahe Aspekt kommen in diesem Gebinde zum Ausdruck, ungeschönt und sehr direkt.
Hinweis: Bei der Betrachtung schöner Herbstverfärbungen kommen die gelblichen Farbtöne in der Binderei oft zu kurz. Es ist schade, denn gerade goldgelbe Herbstkompositionen sind von ungewöhnlichem Reiz. Das Blattwerk von Ahorn-Arten, Adlerfarn, Seggen und vielen schilfähnlichen Gräsern trägt ein gelbes Herbstkleid.

Gemeiner Gilbweiderich, *Lysimachia vulgaris*

Standort: Der Gemeine Gilbweiderich liebt den nassen Grund. Dabei darf der Boden tonhaltig, lehmig oder sogar torfig sein, muß aber über ein ausreichendes Nährstoffangebot verfügen. Man findet ihn am Straßenrand, in Gräben, Auen und Bruchwäldern.
Pflücktermin: Im Juli und August bieten sich die Blütenstände, später der grüne und nach dem Frost der braune Samenstand an.
Verwendung: Obwohl die Einzelblüte ein lieblich kleines Antlitz hat, zeigt sich die ganze Pflanze eher ein wenig schroff, so daß man sie am besten in rustikale Sommersträuße einbezieht. Der grüne Samenstand wirkt zurückhaltender und lieblicher mit seinen kleinen, runden Samenkapseln. Ihn kann man als füllendes Element für vielerlei Gebinde verwenden. Der rehbraune Samenstand bringt schöne, winterliche Momente mit sich und ist vergoldet sehr lieblich.
Haltbarkeit: Gut erblüht, gepflückt in sonniger Lage, ist Gilbweiderich eine stabile Schnittblume, die sich viele Tage in der Vase hält und sogar gut in Steckmasse, wenn man das Blattwerk reduziert.
Konversierung: Interessant für die Konservierung ist der grüne Samenstand, den man auslegt oder in Bündeln aufhängt. Der braune Samenstand ist auch im Winter noch draußen zu finden.
Bemerkung: Es gibt noch weitere Lysimachia-Arten, die auch brauchbar für die Binderei sind.

Linke Seite:
Zotteliger Herbststrauß
Ackertrespe, *Bromus arvensis*
Dahlien-Hybride
Dill, *Anethum graveolens*
Gartenchrysantheme, *Dendranthema*-Grandiflorum-Hybride 'Rehauge'
Hagebutten von *Rosa rugosa*
Johanniskraut, *Hypericum* 'Hidcote'
Kanadische Goldrute, *Solidago canadensis*
Myrtenaster, *Aster ericoides*
Phlox, *Phlox*-Paniculata-Hybride
Scharlacheiche, *Quercus coccinea*
Schneeball, *Virburnum opulus*
Segge, *Carex*
Weizen, *Triticum aestivum*

Ein Stilleben

Chrysantheme, *Dendranthema*-Grandiflorum-Hybride

Dill, *Anethum graveolens*

Drüsiger Gilbweiderich, *Lysimachia punctata*

Johanniskraut, *Hypericum* 'Hidcote'

Kanadische Goldrute, *Solidago canadensis*

Kürbis, *Curcurbita pepo*

Quitte, *Cydonia oblonga*

Rainfarn, *Tanacetum vulgare*

Segge, *Carex*

Ein Stilleben

Gestaltung: Dieses Bild trägt Momente einer Szene in sich, aufgebaut, um gemalt zu werden. Gefäße und Pflanzenteile wurden spannungsvoll gruppiert und auf diesen Standort ausgerichtet. Das Farbspiel ist von sanftem Goldbraun.
Technik: Beginnend bei der großen Chrysantheme, wurden die Pflanzen einzeln nacheinander ins Gefäß hineingestellt. Die Flasche mit der Kürbisranke wurde gleich mit in die Gestaltung einbezogen. Zum Schluß wurden die Früchte gelegt.
Farben: Goldbraun, Rehbraun, grünliches Gelb, Bambusfarben, Quittengelb. Das Gefäß ist lehmfarben bis kaneelbraun.
Aussage: Letzte warme Momente des Herbstes, voll Melancholie und Abschied, der von der Flasche mit der Kürbisranke ausgeht, werden in diesem Stilleben dargestellt.
Hinweis: Im Herbst herrschen bodennahe Brauntöne vor, die gut in gedrungene Gestaltungen umgesetzt werden können.

Gemeiner-Windenknöterich, *Fallopia convolvulus*

Standort: Windenknöterich trifft man in Hecken, Knicks, auf schweren Böden, gern an Stellen, wo Bodenbewegung war. In dichter Vegetation können die Samen dieser einjährigen Pflanze schlecht Fuß fassen.
Pflücktermin: Windenknöterich ist erst im Spätherbst und Winter pflückreif, wenn die Pflanze ausreichend Masse gebildet hat. Den ganzen Winter hindurch ist das abgestorbene, rehbraune Gewirk zu finden.
Verwendung: Man kann die beblätterte Ranke im Herbst für abfließende Gestaltungen verwenden oder auch Ranken von Blattwerk befreien und umspielend einsetzen. Am schönsten präsentiert sich aber das abgestorbene, rehbraune Rankengespinst im Winter, auch angesprüht für weihnachtliche Zwecke. Die feinen, geschmeidigen Ranken sind sehr gebrauchsfreundlich und bringen mit ihrem verschlungenen Wuchs schnell phantasievolle Aspekte in die Gestaltung. Auch für die Trockenblumenverarbeitung ist diese Pflanze ein Schatz.
Haltbarkeit: Laubtragende, lange Ranken neigen leicht dazu, schlapp zu werden. Man muß die mühsame Arbeit des Auslichtens auf sich nehmen, um die Verdunstungsfläche zu verkleinern. Abgestorbene Ranken werden erst im zweiten Winter der Lagerung brüchig.
Konservierung: Am leichtesten erntet man die abgestorbenen Trockenranken nach dem Frost, dann haben sie ihr Blattwerk verloren. Pflanzen, die früher geerntet und getrocknet werden, behalten die Blütenstände und haben dadurch zusätzlichen Reiz.
Bemerkung: Dem Gemeinen Windenknöterich sehr ähnlich, ist der starkwüchsige Hekken-Windenknöterich. Die erste Art blüht bis September, die zweite bis Oktober.

Es ist angerichtet

Gemeiner Windenknöterich, *Fallopia convolvulus*

Johanniskraut, *Hypericum* 'Hidcote'

Kürbis, *Curcurbita pepo*

Mispel, *Mespilus*

Quitte, *Cydonia oblonga*

Waldrebe, *Clematis vitalba*

Weinrebe, *Vitis vinifera*

Es ist angerichtet

Gestaltung: Umspielt von Ranken des Windenknöterichs aus dem Vorjahr, präsentieren sich eigenwillige Früchte, Samenstände und schönes Blattwerk auf einem alten Metallteller. Sie werden eintrocknen und dabei »zusammenwachsen«. Dieser Prozeß wird Wochen in Anspruch nehmen, denn Mispeln und Quitten können sehr lange ihre Feuchtigkeit halten. Das Blattwerk und die Früchte wurden fächerförmig gelegt und gruppiert.
Technik: Beginnend bei den großen, dominanten Formen wurden die Pflanzenteile gruppenweise auf dem Teller angeordnet und nicht weiter fixiert oder gewässert.
Aussage: Solche Arrangements entstehen vorzugsweise nach herbstlichen Aufräumarbeiten im Garten. Das heißt, sie sprechen vom Ende der Vegetationszeit und symbolisieren ein wenig die vollen Vorratskammern.
Hinweis: Gelegte Arrangements dieser Art kommen auf einem altertümlichen Teller mit gediegener Ausstrahlung am besten zur Wirkung, besonders dann, wenn sie eingetrocknet sind.

Pfeifengras, *Molinia caerulea*

Standort: Das Pfeifengras ist häufig anzutreffen. Es bildet dicke Horste, die in der Regel massenhaft in Heiden, Mooren, am Wegrand und auf Wiesen und Waldlichtungen auftreten. Gern steht es auf winternassem Boden, der im Sommer austrocknet, auch auf kalkigen Böden.
Pflücktermin: Von Juli bis September kann man das blühende Gras mit entfalteter Rispe antreffen. Im Herbst pflückt man den Samenstand in geschlossener, schlanker Rispe.
Verwendung: *Molinia caerulea* ist ein sehr elegantes Gras. Auf dem langen, knotenlosen Halm sitzt eine schlanke, dunkelviolette Blüte. Man wird dieses Gras also immer für große Gebinde einsetzen. Am besten kommt es zur Geltung, wenn es gruppenweise gestuft eingearbeitet wird. Im Herbst und Winter kann man die mit einem großen Sägemesser oder einem Spaten ausgestochenen Graspflanzen für große Schalenpflanzungen und Dekorationen verwenden und sogar noch mit abgestorbenen, oberirdischen Pflanzenteilen ist dieses Gras von großem optischen Wert.
Haltbarkeit: Wie die meisten Gräser ist dieses Gras sehr gut haltbar.
Konservierung: Man schneidet das lange Gras während oder gleich nach der Blüte, hängt es auf oder legt es zum Trocknen hin. Stehend getrocknet, werden die langen Halme leicht krumm, was ihrer Schönheit Abbruch tut.
Bemerkung: Der Name Pfeifengras rührt vom früheren Gebrauch dieses Grases her. Dank seiner Knotenlosigkeit eignet es sich vorzüglich zum Reinigen von Pfeifen.

Modenschau im Autohaus

Gestaltung: Eine monotone Autohalle wurde zur Bühne für eine Modenschau. Bei der Planung und Ausführung kommen landschaftsgestalterische Kriterien zum Einsatz. Eine herbstliche Laubwaldstimmung sollte entstehen. Dazu wurden Baumgruppen gestellt und eine gute Ausarbeitung des Unterbewuchses vorgenommen. Die richtige Auswahl der Arten in großer Formenvielfalt und eine spannungsvolle Anordnung der Pflanzengruppen sind die wichtigsten Aspekte einer vegetativen Gestaltung auch diesen Ausmaßes.
Technik: Es gab eine ganze Reihe technischer Probleme zu lösen. Die Baumstümpfe wurden mit Holzkreuzen zum Stehen gebracht, wie es bei den Christbäumen gemacht wird. Laubtragendes Buschwerk wurde in Betoneimer gestellt, in die jeweils einige Rohre für die Wasserversorgung eingearbeitet wurden. Für die Moosflechten vom Laufsteg bis zum Fußboden herab wurde aus Maschendraht ein Abhang konstruiert, auf dem das Moos mit Steckdraht befestigt wurde. Schließlich wurden große Flächen mit Laub eingedeckt, das die Pflanzengruppen miteinander verband.
Farben: Beige, Braun und gedeckte Grüntöne waren tonangebend. Der weiße Laufsteg und die weißgrauen Birkenstämme wirken verbindend zwischen Inventar und Gestaltung.
Aussage: Es wurde die Illusion geschaffen, in einem herbstlichen Wald zu sitzen, in dem warme Kleidung sehr glaubhaft vorgeführt werden konnte.
Hinweis: Sehr nüchterne, große Räume, Hallen und Säle, in denen einige hundert Menschen Platz finden sollen, sind im Winterhalbjahr recht gut mit großem Geäst

Modenschau im Autohaus

Adlerfarn, *Pteridium aquilinum*

Austernseitling, *Pleurotus ostreatus*

Birke, *Betula*

Buche, *Fagus sylvatica*

Chrysantheme, *Dendranthema*-Grandiflorum-Hybride

Dornfarn, *Dryopteris carthusiana*

Kaukasischer Bärenklau, *Heracleum mantegazzianum*

Pfaffenhütchen, *Euonymus europaea*

Pfeifengras, *Molinia caerulea*

Traubenkirsche, *Prunus padus*

Hinzu kommen Buchenlaub und Baumstümpfe mit Pilzbewuchs, sowie große, trockene Fladen einer amerikanischen Moos-Art.

bedient. Zum Frühjahr treibt man die Äste und kleinen Bäume vor, so daß sprießendes Grün und Blüten sichtbar werden. Auch im Frühjahr noch kann der Bodenbewuchs aus abgestorbenem Laub, Gräsern und Farnen bestehen, aus dem sich erste Frühlingsblüher ihren Weg bahnen, genauso, wie die Natur es draußen immer wieder vormacht. Am schönsten sind helle Kompositionen mit Kisten voller Narzissen und gelben und weißen Primeln unter Kirschblüte und grünen, treibenden Hasel- und Buchenzweigen.

Schnittblumen im Herbst

Stauden

Chrysanthemen, *Dendranthema*-Grandiflorum-Hybriden, *D.*-Koreanum-Hybriden
Eisenhut, *Aconitum*
Fackellilie, *Kniphofia*-Hybriden
Fetthenne, *Sedum spectabile*
Flammenblume, *Phlox*-Paniculata-Hybriden
Frauenmantel, *Alchemilla*
Garbe, *Achillea*
Gelenkblume, *Physostegia virginiana*
Herbstanemone, *Anemone hupehensis*
Lampionblume, *Physalis*
Lauch, *Allium*
Montbretie, *Crocosmia crocosmiiflora, C. masoniorum*
Perlpfötchen, *Anaphalis*
Silberkerze, *Cimicifuga ramosa, C. simplex*
Sonnenbraut, *Helenium*-Hybriden
Sonnenhut, *Echinacea purpurea*
Sonnenhut, *Rudbeckia fulgida*

Ein- und zweijährige Sommerblumen

Astern, *Callistephus chinensis*
Bienensaug, *Phacelia campanularia*
Borretsch, *Borago officinalis*
Dahlien, *Dahlia*-Hybriden
Gartenfuchsschwanz, *Amaranthus caudatus*
Kapuzinerkresse, *Tropaeolum*-Hybriden
Kosmee, *Cosmos bipinnatus*
Kugelamarant, *Gomphrena globosa*
Leberbalsam, *Ageratum houstonianum*
Löwenmaul, *Antirrhinum majus*
Papierblume, *Xeranthemum annuum*
Salbei-Arten, *Salvia viridis, S. farinacea*
Schlafmützchen, *Eschscholtzia californica*
Schöngesicht, *Coreopsis tinctoria*
Sonnenblume, *Helianthus annuus*
Sonnenhut, *Rudbeckia hirta*
Strohblume, *Helichrysum bracteatum*
Studentenblume, *Tagetes*-Erecta-Hybriden, *T.*-Patula-Hybriden
Trachelium, *Trachelium caeruleum*
Widerstoß, *Limonium sinuatum, L. suworowii*
Zinnie, *Zinnia elegans*

Zweige mit Fruchtbehang

Apfel-, Birnen-, Pflaumenbehangene Zweige, *Malus-, Pyrus-* und *Prunus-*Arten
Berberitze, *Berberis*
Brombeere, *Rubus fructiosus*
Feuerdorn, *Pyracantha coccinea*
Felsenmispel, *Cotoneaster*
Hagebutten von Wild- und Gartenrosen, *Rosa rugosa, R. canina, R. multiflora* 'New Dawn', 'Silberlachs', u. a.
Johanniskraut, *Hypericum* 'Hidcote'
Liguster, *Ligustrum vulgare*
Perückenstrauch, *Cotinus coggygria*
Pfaffenhütchen, *Euonymus europaeus*
Sanddorn, *Hippophaë rhamnoides*
Schlehdorn, *Prunus spinosa*
Torfmyrthe, *Pernettya mucronata*
Traubenkirsche, *Prunus padus*
Weinrebe, *Vitis vinifera*
Weißdorn, *Crataegus*
Wolliger Schneeball, *Viburnum*
Zierapfel-Arten, *Malus*-Hybriden

Standard und Importe

Banksia
Dendranthema-Grandiflorum-Hybriden, alle Farben
Flamingoblume, alle Farben, *Anthurium*-Andreanum-Hybriden
Gerbera, orange, pink, Sorten mit dunklem Auge
Gladiolen, alle Farben
Heliconia caribea
Inkalilie, alle Farben, *Alstroemeria*
Lilien, alle Farben
Nelken, alle Farben, außer weiß, *Dianthus*
Protea
Rosen, alle kräftigen Farben
Schwertlilien, Blautöne, *Iris*
Strelitzia

Beiwerk im Herbst

Wildpflanzen

Ampfer-Arten, *Rumex crispus, R. obtusifolius, R. conglomeratus*
Bittersüßer Nachtschatten, *Solanum dulcamara*
Blutweiderich, *Lythrum salicaria*
Echtes Johanniskraut, *Hypericum perforatum*
Beifuß, *Artemisia vulgaris*
Windenknöterich, *Fallopia convolvulus*
Gilbweiderich, *Lysimachia vulgaris*
Hohlzahn, *Galeopsis tetrahit*
Goldruten-Arten, *Solidago canadensis, S. virgaurea, S. gigantea*
Hopfen, *Humulus lupulus*
Kanadisches Berufkraut, *Erigeron canadensis*
Kleinblütiges Franzosenkraut, *Galinsoga parviflora*
Kletten-Arten, *Arctium lappa, A. minus*
Kletten-Labkraut, *Galium apparine*
Knotige Braunwurz, *Scrophularia nodosa*
Labkraut-Arten, *Galium mollugo, G. palustre, G. verum, G. apparine*
Oregano, *Origanum vulgare*
Rainfarn, *Tanacetum vulgare*
Rainkohl, *Lapsana communis*
Skabiosen-Flockenblume, *Centaurea scabiosa*
Schwarze Königskerze, *Verbascum nigrum*
Spitz-Wegerich, *Plantago lanceolata*
Sumpf-Kratzdistel, *Cirsium palustre*
Tripmadam, *Sedum rupestre*
Wasserdost, *Eupatorium cannabium*
Weidenröschen-Arten, *Epilobium angustifolium, E. hirsutum, E. parviflorum, E. montanum, E. roseum, E. palustre*
Wiesen-Bärenklau, *Heracleum spondylium*
Wilde Möhre, *Daucus carota*

Gräser

Ästiger Igelkolben, *Sparganium erectum*
Land-Reitgras, *Calamagrostis epigeios*
Pfeifengras, *Molinia caerulea*
Rohr-Glanzgras, *Phalaris arundinacea*
Rotes Straußgras, *Agrostis tenuis*
Schilf, *Pragmites australis*
Seggen-Arten, *Carex disticha, C. arenaria, C. paniculata*

Laub von Gehölzen

Ahorn-Arten, *Acer rubrum, A. platanoides*
Eichen-Arten, Quercus coccinea, Q. ellipsoidalis
Himbeere, *Rubus idaeus*
Waldrebe, *Clematis vitalba*
Schneeball, *Viburnum opulus*
Hartriegel, *Cornus alba*
Rotbuche, *Fagus sylvatica*
Schwarzer Holunder, *Sambucus nigra*
Spindelstrauch, *Euonymus europaeus*
Traubenkirsche, *Prunus padus*
Weinrebe, *Vitis vinifera*
Wilder Wein, *Parthenocissus quinquefolia*

Importe, Treibhausgewächse und Stauden

Asparagus-Arten, *Asparagus officinalis, A. setaceus*
Bärgras, *Xerophyllum*
Bergenie, *Bergenia*
Efeu, *Hedera helix*
Flamingoblume, *Anthurium-*Andreanum-Hybriden
Geißbart, *Aruncus*
Grevillea-Arten, *Grevillea robusta, G. aspleniifolia*
Pfingstrose, *Paeonie*

Vorweihnachtszeit

Wenn es stürmt oder schneit – Vorweihnachtliche Stimmung

Der erste richtige Frost setzt meistens Ende November ein. Die klaren Vollmondnächte lassen die Quecksilbersäule kräftig absacken, so daß sich pünktlich zum 1. Advent winterliche Gefühle einstellen. Auch für die heimische Natur ist dieser Kälteschock gut. Er setzt dem Wachsen und Blühen ein Ende. Letzte Rosenknospen erstarren an den Büschen und der Boden des Apfelgartens ist übersät mit Früchten, an denen sich nun viele Vögel laben. Nur 'Stina Lohmann' trägt meistens Anfang Januar noch einzelne Früchte im Geäst und setzt die Betrachter damit immer wieder in Erstaunen.

Wer bis jetzt noch keine Hagebuttenzweige für die Weichnachtsbinderei geschnitten hat, muß darauf verzichten, denn die meisten Hagebutten von Wildrosen können starken Frost nicht vertragen; sie werden matschig. Halbreife Früchte von diversen Gartenrosen sind oft widerstandsfähiger und die schönen, weinroten Früchte des Weißdorns hängen auch noch an den Zweigen und bieten sich zum Schneiden an. Wie schön die kleinen Früchte rauhreifüberzogen aussehen! Schade, daß man dieses Aussehen nicht ins Zimmer hinüberretten kann, ist der erste Gedanke. Kitsch, ist danach gleich der zweite. Also erfreut man sich des Augenblicks.

Wie schwer es ist, bei mildem Wetter, das noch deutlich herbstliche Züge trägt, Adventsschmuck anzufertigen, weiß jeder Florist, denn für den Verkauf und vor allem für Ausstellungen werden bereits Anfang

November die ersten Arbeiten gemacht. Dabei spielt die Wetterlage eine wichtige Rolle, denn schließlich ist in unserem Kulturkreis die Weihnachtszeit mit Schnee verbunden. Lieder, Verse, Geschichten und die Christrose oder Schneerose, *Helleborus niger* wissen davon zu erzählen, und je grimmiger es draußen ist, desto mehr ereifern wir uns, es drinnen gemütlich zu machen. Man bevorzugt in der spannungsvollen Adventszeit anscheinend auch spannungsvolles Wetter. Ewig graues Regenwetter mit Sturm schlägt sich auf die Gemüter und macht die Menschen lustlos.

Dies ist die Zeit, wo Floristen zeigen müssen, was in ihnen steckt. Jetzt, wo die Natur zur Ruhe geht und eigentlich Zeichen gibt, geruhsam und besonnen zu werden, laufen sie nach den Gesetzen der Marktwirtschaft zur Höchstform auf. Dieser schmerzliche Vorgang ist ein rechter Wermutstropfen für diese schöne, stimmungsvolle Vorweihnachtszeit.

Aber rot muß es sein – Das Blumenangebot im Dezember

Natürlich bindet man auch stille Sträuße in der Vorweihnachtszeit und stellt sich, einem bestimmten Anlaß entsprechend, auf gänzlich andere Umstände ein. Doch viele Gebinde dieser Zeit tragen den typischen spannungsvollen Rot-Grün-Kontrast. Dabei kommt man mit einem sehr begrenzten Blumenspektrum aus, der Jahreszeit entsprechend. Fruchtstände und Samenträger sowie allerlei Astwerk und Nadelgehölze in allen Schattierungen, beherrschen jetzt das Bild.

Eine der beliebtesten Blumen dieser Tage ist die Anemone, besonders natürlich die rote. Eine nahe Verwandte von ihr, die Ranunkel, wird ebenso wegen ihres schönen Rottones begehrt. Doch auch blaue und weiße Anemonen sowie weiße Ranunkeln liegen im richtigen Farbbereich. Hierzu kommen Alpenveilchenblüten, von denen die weinroten Sorten besonders hübsch mit vergoldeten, zierlichen Samenständen arrangiert werden können. Das Rosenangebot steht im Hintergrund und setzt sich wirklich gut eigentlich nur durch die 'Coburg'-Rose in Szene. Diese aus Italien kommende Rose ist nur im Winter erhältlich. Ihr altrosa, gelbliches Farbspiel, ihr Duft und ihr graziler Wuchs mit dem rötlichen Stachelkleid machen sie zu einer Erscheinung von ungewöhnlichem Charme. Winterlich arrangiert, wirkt sie durchaus glaubhaft, wie auch die einheimischen Kalthausrosen, die man allerdings nur aufgeblüht kaufen darf. Knospige Ware entfaltet sich in der Vase selten.

Natürlich gibt es jetzt auch gute Rosenimporte von der Südhalbkugel der Erde, von denen aus verschiedenen Gründen nur recht sparsam Gebrauch gemacht werden sollte. Jetzt herrscht Rosenpause. Euphorbien werden viel benutzt. Weiße Tazetten, die schon den ganzen Dezember hindurch gehandelt wurden, bekommen, je mehr wir uns dem Weihnachtsfest nähern, durch andere Frühlingsblumen Gesellschaft, zuerst durch Hyazinthen und zum Weihnachtsfest durch rote und weiße Tulpen. Nicht zu vergessen ist bei der Aufzählung der kleinblumigen Blüten dieser Jahreszeit die Christrose. Sie ist eine der wenigen Blumen, die im Winter draußen blüht.

Ganz ihr Gegenteil, aber mit den Schneeglöckchen verwandt, ist die imposante Amaryllisblüte. Ihr Ausdruck ist feierlich, ohne

Schnittblumen in der Vorweihnachtszeit Seite 227

Pflanzenliste
Beiwerk Seite 228

elitäres Gehabe, wie wir es von den eleganten Anthurienblüten kennen. Entzückend ist Vallota, ein kleines Abbild der roten Amaryllis, und Eucharis, eine weißblühende Verwandte mit leichtem Duft. In dieser aus Südamerika stammenden Art sieht man eher das Schneeglöckchen als die Amaryllis.
Der Preis der roten Gerbera erreicht zu Weihnachten astronomische Höhe, woraus man ablesen kann, daß sie heiß begehrt ist. Schließlich spielt der Weihnachtsstern auch als Schnittblume eine zentrale Rolle. Immer umgeben von Nadelgehölz, kann man ihm mit Zapfen, Disteln, Samenständen und Beeren ein naturnahes oder mit Kugeln, Vergoldetem und Schleifen ein festliches Kleid anziehen. Mehr als Beiwerk, das sich unterordnet, sind jetzt die blütenbesetzten Eucalyptuszweige und diverse Pflanzen ferner Kontinente: hartholzige Leucospermum-, Erica-, Leucadendron-, Berzelia-, Brunia- und andere Arten. Proteen, besonders die großblumigen Arten, sind sehr imposant, aber unserer Weihnachtskultur fremd. Eher lassen sich tropische Blüten, wie Orchideen, die wir hier schon lange kennen, ins Weihnachtsgeschehen einbringen.

Mit einem Hauch von Gold – Beiwerk im Dezember

Fast noch wichtiger als die Blumen sind im Dezember die immergrünen, duftenden Nadelgehölze Tanne, Fichte, Kiefer, Eibe, Zeder, Wacholder, Zypresse und Lebensbaum. Kirschlorbeer, Mahonie, Buchsbaum und immergrüner Winterschneeball mit seinen blauen Beeren stehen mit ihren glänzenden Blattflächen parat. Hinzu kommen Efeu, Salall und diverse Eucalyptus-Arten mit schönen Blüten besetzt. Großflächige tropische Blätter sind weniger gefragt. Dafür treten Palmenwedel in den Vordergrund. In diese Kulisse aus winterlichem, meist dunklem oder grauen Grün setzt man feurige Akzente mit Ilex und knallroten Hagebutten, die man schon vor dem Frost geerntet und kühl aufbewahrt haben sollte, denn der Frost zerstört die Zellen, die reifen Hagebutten werden matschig. Halbreife und grüne Hagebutten einiger Kulturformen können oft noch im tiefen Winter geschnitten werden. Auch noch von draußen holt man jetzt fruchtbehangene Weiß- und Schlehdornzweige sowie Cotoneaster-Arten und roten Hartriegel. Diverse Zapfen-Arten und Samenstände haben jetzt Hochkonjunktur. Noch gut zu finden sind die Samenstände von Rainkohl, Weidenröschen, Goldrute, Leimkraut, Bärenklau, Kälberkropf, Gilbweiderich, Wilder Möhre, Beifuß, Malven, Flockenblume, Schafgarbe, Berufkraut, Wucherknöterich und Mohn, das Gewirk der Rauke, des Windenknöterichs, des Klettenlabkrautes, des Hopfens und Reitgräser. Je nach Region und Bodenverhältnissen steht eigentlich in jedem Gebiet eine relativ große Anzahl von abgestorbenen Pflanzen und Samenständen am Wegrand, die in ihrem oft zierlichen, phantasievollen Bau und ihrer Vielfalt eine enorme Bereicherung für die vorweihnachtliche und winterliche Gestaltung bieten.
Besondere Akzente kann man setzen, indem man Abgestorbenes mit Gold, Silber oder Kupfer besprüht. Wie ein kleines Schmuckstück erscheint dann so mancher Samenstand und aus braunen Ranken wird goldenes Geschmeide. Es kommt immer ganz auf den Charakter eines Gebindes an,

ob man naturbelassenes oder besprühtes Beiwerk benötigt. Jedenfalls birgt das Vergolden so manche Überraschung in sich. Übrigens ist ein leichtes Anpinseln des Pflanzengutes oft schöner als das vollflächige Einsprühen oder gar Tauchen desselben. Zum Abschluß sei die Mistel erwähnt, die als Krone mit einem schönen Band aufgehängt, oder in kleine Zweige zerlegt, in viele Gestaltungen mit einfließen kann.

Rosen im Dezember

Bronceblatt, *Galax*

Fetthenne, *Sedum*

Hagebutten von *Rosa* 'Venusta pendula'

Lein, *Linum*

Rose 'Sabrina'

Rotes Straußgras, *Agrostis tenuis*

Segge, *Carex*

Staudenwicke, *Lathyrus latifolius*

Weidenröschen, *Epilobium parviflorum*

Es muß nicht immer blumig sein – Natur und Gestaltung

Rosen im Dezember

Gestaltung: Diesen rundgebundenen Strauß bestimmt filigran winterliches Pflanzengewirk und gibt 'Sabrina' aus dem Kalthaus eine wundervolle Entfaltungsmöglichkeit. Die sonst orangefarbene Rose ist jetzt bernsteinfarben geworden und ähnelt mit ihren runzligen Deckblättern Rosen aus dem Freiland. Eine gewisse Herbheit und doch weiche Linien kennzeichnen dieses Gebinde. Schön ist natürlich auch das wiederkehrende Farbspiel im Gefäß.
Technik: Der Strauß wurde nach üblicher Bindeart angefertigt, dann aber ungebunden ins Gefäß gestellt.
Farben: Die Pflanzen sind bernsteingelb, bastgelb, hellorangerot, hellgraugrün, dunkelbraungrün, rehbraun und umbra. Die Glasur des Gefäßes ist ocker, rehbraun und dunkelbraun.
Aussage: Voller Poesie und Anmut erzählt die Rose im Dezember noch ein wenig vom Herbst, trägt aber schon deutlich Winterkleidung.
Hinweis: Die Rose als Strauchgehölz mit deutlich naturhaft herben Zügen, läßt sich gut in winterliche und weihnachtliche Zusammenhänge bringen.

Tripmadam, *Sedum reflexum*

Standort: Tripmadam liebt es karg aber sonnig. Kalkarme, sandige und steinige Böden kommen für sie in Frage. Felsiges Bergland und Dünen sind bevorzugtes Terrain. Genauso können wir sie aber auch im

Bereich von Bebauungen auf Mauerkronen antreffen.
Pflücktermin: Die Blütezeit liegt im Hochsommer. Die Samenstände sind im Herbst und vor allem im Winter interessant.
Verwendung: Die zierlichen Blütenstände sind für kleine, rundgebundene Sträuße oder für vegetative Gestaltungen im Zusammenhang mit Steinen schön. Der rehbraune Samenstand im Winter ist zart gebaut. Man kann ihn für adventliche Sträuße mit Bronze besprüht oder natur benutzen und im Zusammenhang mit Rosen oder kleinblumigen Zwiebelgewächsen sehen. Er eignet sich auch für Trockenblumengebinde.
Haltbarkeit: Tripmadam ist als Schnittblume ausgesprochen haltbar, wie alle Sedum-Arten.
Konservierung: Die Blüten der Sedum-Arten trocknen sehr schlecht, da die Art darauf ausgerichtet ist, sehr lange Trockenzeiten zu überstehen. Erst nach dem Frost, wenn die oberirdischen Pflanzenteile abgestorben sind, ist die Lagerung problemlos.
Bemerkung: Tripmadam ist ein schmackhaftes Küchengewürz, aber leicht mit dem giftigen Mauerpfeffer zu verwechseln. Es gibt sehr viele Fetthennengewächse, auch großwüchsigere, die sehr schön aussehen. Sie sind aber alle relativ rar, so daß man sich beim Pflücken auf die Samenstände beschränken sollte, die man vorort noch ausschüttelt wegen der Vermehrung. Einige Arten sind sogar schon vom Aussterben bedroht.

Ranunculus und goldene Gräser

Gestaltung: Das Gefäß mit güldenem Dekor forderte dazu heraus, in der Gestaltung vergoldete Pflanzenteile zu verwenden. Hier sind es Gräser, die durch ihre linearen Formen den Ausdruck der Gestaltung bestim-

Ranunculus und goldene Gräser

Bronceblatt, *Galax*

Dodonaea viscosa

Australisches Heidegewächs

Eucalyptus

Geschlängelte Schmiele, *Deschampsia flexuosa*

Konifere, *Chamaecyparis*

Mahonie

Ranunkel, *Ranunculus asiaticus*

Reitgras, *Calamagrostis*

Wachsblume, *Chamelaucium unciatum*

Weymouthskiefer, *Pinus strobus*

Wiesen-Bärenklau, *Heracleum spondylium*

men. Die Farbdominanz liegt allerdings bei den Ranunkeln, deren kräftige Rosatöne im guten Kontrast zu dem Blaugrün des Gefäßes und Beiwerks stehen.

Technik: Beginnend bei den hohen Gräsern des Mittelbereiches, wurden die Stiele abwechselnd schräg aneinandergelegt. Dabei wurde darauf geachtet, daß die Ranunkelblüten frei stehen und der untere Bereich das weithalsige Gefäß ausfüllt.

Farben: helles Rosa, kräftiges Rosa, Zartviolett, helles Blaugrün, glänzendes Grün, Rotbraun, Sandfarben und Gold. Die Farben des Gefäßes sind Schilfgrün, Schiefergrau und Gold.

Aussage: Das Gebinde trägt winterliche und festliche Züge und ist zwischen altem Mobiliar am besten aufgehoben.

Hinweis: Anstelle von rosafarbenen Ranunkeln hätte man auch weiße nehmen können. Alle anderen Ranunkelfarben harmonieren nicht mit diesem Gefäß.

Wiesen-Bärenklau, *Heracleum spondylium*

Standort: Diese häufig vorkommende Pflanze liebt humosen Ton- oder Lehmboden. Am Straßenrand, in Auwäldern, auf Staudenfluren und Wiesen trifft man den Bärenklau an.

Pflücktermin: Die Pflanze blüht den ganzen Sommer hindurch bis in den Herbst hinein, ab Spätsommer natürlich zusätzlich samentragend. Meistens überstehen die Samenstände sogar winterlich hartes Wetter, so daß man im Januar und Februar noch brauchbare Exemplare finden kann. Die großen Blätter der jungen Pflanze bieten sich im Frühjahr als Bindegrün an.

Verwendung: Zur Weihnachtszeit verwendet man hauptsächlich den vergoldeten Samenstand für Sträuße und für Adventsgestecke. Im Herbst ist der frische Samenstand ein guter Partner für Chrysanthemen und Sonnenblumen in Verbindung mit großwüchsigen Gräsern. Die blühende Pflanze findet in großwüchsigen Stauden ihre Partner und immer gern in Verbindung mit Gräsern. Die Blätter der jungen Pflanze im Frühling kann man für wiesenblumenartige Sträuße verwenden. Auch für die Trockenblumenbinderei ist Bärenklau interessant.
Haltbarkeit: Das junge Grün und die junge blühende Pflanze werden schnell schlapp, wenn man die Stielenden nicht anbrüht. Sehr große Blütenstände mit vielen Verzweigungen müssen ausgelichtet werden. Erst die Samenstände im Herbst haben viel Zellulose aufgebaut und sind dadurch unempfindlicher. In Steckmasse kann man nur kurzstielige Blüten oder reife Samenstände verwenden.
Konservierung: Nur die Samenstände sind für die Konservierung geeignet. Man trocknet sie oder stellt sie in Glyzerinlösung.
Bemerkung: Der Wiesen-Bärenklau und sein großer Bruder, der Kaukasische Bärenklau, tragen eine Behaarung, die bei Reibung empfindliche Hautpartien beschädigen kann, zum Beispiel beim Tragen der Pflanzen in der Armbeuge. Diese Hautpartien sind dann sehr lichtempfindlich und es können Reizungen entstehen, die sonnenbrandähnlich sind.

Beifuß, *Artemisia vulgaris*

Standort: Beifuß scheint nur sehr nasse und schattige Standorte nicht zu mögen, denn man trifft ihn oft an Wegrändern und Straßenrändern, auf Dünen und Ödland, in Kieskuhlen, an Bahndämmen und Ufern.
Pflücktermin: Als junges, 20 cm hohes Kraut kann Beifuß im Frühjahr als Bindegrün dienen. Dann muß man warten, bis die Pflanze im Juli ausgewachsen ist und in Blüte steht. Im Herbst und Winter pflückt man die reifen, die abgetrockneten Samenstände.
Verwendung: Die jungen Pflanzentriebe sind für rundgebundene Sträuße als füllendes Element besonders im Zusammenhang mit Rosen hübsch. Später findet man viele Verwendungsmöglichkeiten in rustikalen Gebinden, hauptsächlich im Herbst. Zusammen mit diversen Chrysanthemen, beerenbesetzten Zweigen und Laub ist Beifuß eine jahreszeitlich typische Komponente.
Getrocknet findet die Pflanze besonders in großen Gebinden oder Bronze-besprüht zur Weihnachtszeit ihren Platz. Silbrig graugrünes, getrocknetes junges Kraut ist schön in Kombination mit anderen Gewürzpflanzen und Blüten zur Herstellung von duftenden Gewürzkränzen und Gebinden à la Provence.
Haltbarkeit: Junges Grün und kräftig ausgewachsene Pflanzen Ende Juli sind sehr gut haltbar. In den Phasen des Längenwachstums sollte man Artemisia nicht schneiden, sondern erst, wenn die Blütenstände halb erblüht sind. Auch erst dann sind sie in Steckmasse haltbar.
Konservierung: Das junge Kraut wird in Büscheln zum Trocknen aufgehängt, ebenso die blühende Pflanze. Der Samenstand kann liegend oder stehend getrocknet und auch im Winter noch draußen geerntet werden. Natürlich ist er dann vom Wetter gezeichnet.
Bemerkung: Beifuß wird als Gewürzkraut für fette Speisen geschätzt. Er hat einen aromatischen Duft.

Gall- und andere Äpfel

Besenginster, *Cytisus scoparius*

Nordmannstanne, *Abies nordmanniana*

Ranunkel, *Ranunculus asiaticus*

Straußgras, *Agrostis*

Stumpfkantige Hundsrauke, *Erucastrum nasturtiifolium*

Wacholder, *Juniperus communis*

Wildrosenzweig mit Gallapfel, golden angesprüht

208

Gall- und andere Äpfel

Gestaltung: Diese lineare Gestaltung birgt vegetative Momente in sich, denn, ein wenig wie gewachsen stehen die Ranunkeln auf dem Kenzan. Das aufstrebende und umspielende Drumherum der anderen Pflanzen ordnet sich unter. Es dreht sich eben alles um die Ranunkeln, die auf der einen Seite in Grün eingehüllt werden, um auf der anderen Seite ihre ganze Schönheit zeigen zu können. In diesem spannungsvollen Farbbild stehen Rotbrauntöne mittleren Grüntönen gegenüber.
Technik: Die Pflanzenstengel wurden auf einen Kenzan gestellt.
Farben: Ziegel- und Zinnoberrot, Beige, Rehbraun und Umbra, helles, mittleres und sattes Grün, gelbliches und silbergraues Grün und Gold. Die Farben des Gefäßes sind Ziegelrot und Umbra.
Aussage: Wenngleich die Ranunkel keine typische Blume unserer Vorweihnachtszeit ist, kann man doch mit ihrem leuchtenden Rot Adventsstimmung transportieren. Symbolträger, wie Äpfel und immergrüne Nadelgehölze verdichten den Ausdruck.
Bemerkung: Gallapfelbesetzte Zweige, naturbelassen oder vergoldet, bringen immer ein wenig Geheimnis in adventliche Gestaltungen hinein. Im Volksmund gibt es Bezeichnungen wie Schlafapfel oder Rosenkönig für diese von der Rosengallwespe hervorgerufene Wucherung.

Breitblättrige Platterbse, *Lathyrus latifolius*

Standort: Die Breitblättrige Platterbse hat ihren Ursprung im Mittelmeerraum, und wird hierzulande als die sogenannte Staudenwicke in Gärten kultiviert. Genauso oft findet man sie aber auch verwildert an Bahndämmen und an sonnigen Gebüschrändern, Hecken, am Weg- und Straßenrand. Den Boden mag sie trocken und kalkhaltig.
Pflücktermin: Ab Juli bis in den Herbst hinein blüht die Pflanze. Im Herbst und noch nach leichten Frösten kann man Ranken mit samentragenden Schoten pflücken.
Verwendung: Man schneidet einzelne Blütenstände oder ganze Ranken und verwendet sie ihrem Wuchs entsprechend. Wickenranken haben einen lieblichen bis verspielten Ausdruck und ermöglichen Gebinde voller Anmut und Grazie, und sogar im getrockneten Zustand, ein wenig gold bepinselt, bleibt ein Stück davon erhalten.

Haltbarkeit: Wickenblüten und ganze Ranken, wenn sie nicht zu lang sind, halten sich gut bis sehr gut in der Vase. Allerdings muß, wie immer, genug Zellulose in der Pflanze stecken, damit sie nicht schlapp macht. Dann läßt sie sich sogar Steckmasse gefallen.
Konservierung: Die Wickenblüten wird man nicht trocknen. Interessant sind nur die samentragenden Ranken, die man am besten auslegt, damit sie eine natürliche Form behalten.
Bemerkung: Es gibt noch eine Menge anderer Platterbsen-Arten mit kleineren Blüten, die alle gut haltbar für die Vase sind. Allerdings ist Vorsicht geboten; einige Arten sind geschützt.

Im Licht der Kugelkerze

Gestaltung: Ausgangspunkt für diese Gestaltung war der Leuchter mit Kerze. An seinem Fuß sollte eine weihnachtliche, blumige Dekoration stehen. Als Gefäß bot sich Terrakotta wegen des Farbtones und der Ausstrahlung an. Vasenform und Kerzenform harmonieren und die Größenverhältnisse liegen im Goldenen Schnitt. Die blumige Ausstattung konnte nur bizarr werden, darum wurde das Blattwerk von den Euphorbien entfernt. Es wirkte zu massig und war zu grün. Nun dominieren die Rottöne in allen Bereichen der Gestaltung und lassen sie zu einer Einheit werden.
Technik: Der Strauß wurde in der Hand gestaltet und ungebunden ins Gefäß gestellt, um dort noch den letzten Schliff zu bekommen, wie diese angegoldete Wickenranke.
Farben: helles und dunkles Ziegelrot, Orange, Orangerot, gedecktes Grün, Patinagrün, Graubrauntöne und Gold.

Aussage: Die kleine Szene erinnert ein wenig an eine alte Straßengaslaterne, umgeben von Gebüsch. Sie strahlt Ruhe und Geborgenheit aus.
Bemerkung: Die Stielenden der Euphorbien müssen unbedingt angebrüht oder angebrannt werden, um den Milchsaftfluß der Pflanze zu stoppen. Nach dem Entfernen der Blätter spült man den weißen Saft an den Wunden zügig unter fließendem, lauwarmen Wasser ab.

Schmalblättriges Weidenröschen, *Epilobium angustifolium*

Standort: *Epilobium angustifolium* ist überall dort anzutreffen, wo der Boden nicht kalkhaltig und humos ist, egal ob lehmig, tonig oder sandig, ob sonnig oder schattig. Sie wachsen in lichten Laub- und Nadelwäldern, in Gebüschen, Knicks, auf Kahlschlägen, Trümmergrundstücken, am Straßen- und am Wegrand.
Pflücktermin: Das blühende Kraut pflückt man von Juli bis September, danach den rötlichbraun verfärbten Samenstand oder den leeren Samenstand im Winter.
Verwendung: Die Blüte im August transportiert die typische Stimmung des Altweibersommers in üppigen Sträußen mit vielen Gräsern, Wildblumen und ersten reifen Ebereschenbeeren. Die Samenstände sind bizarr und voll Mystik, wenn sie beginnen, ihre Kapseln zu öffnen, so daß sich unzählige Samen mit ihren feinen, federartigen Flugkörpern auf den Weg machen können. Besonders in der Vorweihnachtszeit findet man für die weißflauschigen Samenstände mannigfaltige Verwendung.
Haltbarkeit: Die Blüten dieser Weidenröschen-Art sind sehr empfindlich. Sie werden in der Vase leicht schlapp. Darum pflückt man sie halberblüht, entfernt eine Menge Laub und kocht die Stielenden an. So präpariert, sind sie von mittlerer Haltbarkeit, verblassen aber im Zimmer. Die Samenstände dagegen sind stabil und lassen sich auch in Steckmasse verwenden. Das Ausfliegen der Samen kann man mit Fixativ stoppen.
Konservierung: Die Blüten dieser großblumigen Weidenröschen-Art schrumpfen beim Trocknen sehr ein und sind ausgesprochen bruchempfindlich. Man trocknet sie hängend. Samenstände werden stehend oder liegend getrocknet. Sie sind robust.
Bemerkung: Kühl, und damit auch meistens feucht aufbewahrte Samenstände werden mit Sicherheit noch viele Samenkapseln öffnen, wenn sie in warme, trockene Wohnräume kommen. Dies ist zu bedenken, vor allem wenn man sie verkauft. Man sprüht sie entweder ein oder macht den Kunden auf diese Entwicklungsmöglichkeit aufmerksam.

Linke Seite:
Im Licht der Kugelkerze
Euphorbie, *Euphorbia fulgens*
Faulbaum, *Ramnus frangula*
Golddistel, *Carlina vulgaris*
Hagebutten von *Rosa* 'Silberlachs'
Krummholzkiefer, *Pinus mugo*
Breitblättrige Platterbse, *Lathyrus latifolius*

'Red Lion'

Alpenrose,
Rhododendron

Feinhalmmiscanthus,
Miscanthus sinensis
'Gracillimus'

Hartriegel,
Cornus alba

Kornrade,
Agrostemma githago

Palmenblatt,
Howeia forsteriana

Amaryllis,
Hippeastrum
'Red Lion'

Schmalblättriges
Weidenröschen,
Epilobium angustifolium

'Red Lion'

Gestaltung: Amaryllis gehören zu den Blumen, bei denen das Kurzschneiden für gewisse Gestaltungsarten akzeptabel ist. In diesem Fall liegt der Gestaltungsschwerpunkt, wie man auf dem Bild gut erkennen kann, auf dem Vasenrand. Der Habitus der Pflanze läßt die Blüten leicht und weich über den Rand fallen. Nun kann man wahlweise den oberen Bereich nach den Abmessungen des Goldenen Schnittes mit Beiwerk gestalten, wie hier geschehen, oder in umgekehrter Proportionierung, sich auf die Blüten mit ein wenig seitlich ausschwingendem oder herabfließendem Beiwerk beschränken.
Technik: Der Strauß wurde in der Hand gestaltet und gebunden ins Gefäß gestellt.

Farben: Feuerrot, weißliches Beige, sattes Grün und Gold. Die Oberfläche der Vase ist lehmfarben.
Aussage: Diese rote Amaryllisblüte hat eine feurig prächtige Austrahlung, die mit den vergoldeten, trockenen Pflanzenteilen leicht untermalt wird, durch den erdfarbenen Krug aber sehr viel Bodennähe bekommt.
Bemerkung: Die hier verwendeten Weidenröschen stammen direkt aus dem Freiland. Das Regenwetter der letzten Zeit hinterließ deutlich seine Spuren, denn die Samen sind an den Kapseln verklebt, und der sonst aufrechte Samenstand neigt sich etwas und bekommt dadurch einen elegischen Ausdruck.

Bizarrer Anemonenstrauß

Gestaltung: Der gestuft gebundene Strauß hat eine einseitige Ausrichtung. Ausgangspunkt für die Gestaltung war die Harmonie zwischen Anemone und Weidenröschen. Beide haben ein rot-weißes Farbspiel und ein rustikales Wesen. Nur in ihrem Aufbau sind sie gänzlich verschieden, eher gegensätzlich, und ziehen sich daher an. Weitere Parallelitäten und Ergänzungen finden sich in den schwarzen Ligusterbeeren, die das schwarze Auge der Anemone wiederholen. Das Pieksige der Distel korrespondiert mit der optischen Widerborstigkeit des Weidenröschens. Den silberweißen Farbton findet man in beiden wieder, genauso wie das Rot des Hartriegels. Schließlich wurde blaues und dunkles Grün gewählt als Komplementär für die kräftigen Rottöne und als Harmonie zum Gefäß, das in seiner blaugraubeigen Oberfläche bizarre Strukturen aufweist.

Technik: Die Pflanzenteile wurden in der Hand gestaltet und ungebunden ins Gefäß gestellt.

Farben: Kadmiumrot, Beige, Silberweiß, graues Rosa, Blauschwarz, Schwarz, helles, mittleres und blaues Grün. Die Oberfläche des Gefäßes ist blau-grau-beige-bräunlich.

Aussage: Das Gebinde transportiert spannungsvolle, vorweihnachtliche Stimmung und ist dabei sehr winterlich in seinen an Eiskristalle erinnernde Strukturen.

Bemerkung: In diesem Gebinde wurden Samenstände von Weidenröschen verwen-

Bizarrer Anemonenstrauß

Anemone, *Anemone pavonia*

Flache Alpenrose, *Rhododendron*-Repens-Hybride

Hartriegel, *Cornus alba*

Liguster, *Ligustrum*

Schmalblättriges Weidenröschen, *Epilobium angustifolium*

Wacholder, *Juniperus*

Wetterdistel, *Carlina acaulis* ssp. *simplex*

det, die im Herbst zum Trocknen hereingeholt wurden. Deutlich kann man sehen, wie sich im warmen Zimmer weitere Samenkapseln geöffnet haben.

Silberdistel, *Carlina acaulis*

Standort: Silberdisteln brauchen steinige, trockene, kalkhaltige Lehm- oder Tonböden. So trifft man sie auf Magerweiden, Halbtrocken- und Trockenrasen.
Pflücktermin: Die Blüte der Silberdistel entwickelt sich im Frühsommer und bleibt bis in den Winter hinein, zur Freude aller Spaziergänger, erhalten. Pflücken darf man diese selten gewordene Pflanze nicht. Sie ist streng geschützt. Silberdisteln für die Floristik stammen aus gärtnerischem Anbau.
Verwendung: Distelarten, wie die der Silberdistel sehr ähnliche Wetterdistel, oder andere stachelige Vertreter sind zur Adventszeit sehr schlüssig, denn ihr bizarres Wesen ist im Christentum ähnlich symbolträchtig wie der Dornenbusch. Ansonsten sind die stacheligen Disteln schwer zu kombinieren. Egal, ob frisch oder für Trockenblumengebinde. Naturhaftes steht ihnen in jedem Fall besser zu Gesicht als gezügelte Kulturpflanzen.
Haltbarkeit: Disteln sind sehr haltbare Schnittpflanzen und besonders natürlich die Arten, die in den Trockenzustand übergehen und dabei kaum ihr Aussehen verändern. Die Silberdistel und die der Silberdistel ähnelnde Wetterdistel aus dem Garten sowie die kleine Golddistel haben hygroskopische Blütenblätter, die sich beim feuchten Wetter nach innen biegen und die Blüten verschließen. Sonnenschein und trockene Luft trocknen die Blütenblätter, so daß sie sich wieder nach außen biegen. Diese Eigenschaft bleibt auch im getrockneten Zustand erhalten.
Konservierung: Es empfiehlt sich, Distelarten zum Trocknen aufzuhängen und dann sofort trocken zu lagern, damit sie nicht vom Schimmel befallen werden.
Bemerkung: *Carlina acaulis* steht auf der Roten Liste. Das Abschneiden ist also verboten. Eine Alternative bietet sich in der langstieligen Wetterdistel, *Carlina acaulis* ssp. *simplex,* die aber nicht wildwachsend vorkommt, sondern gärtnerisch kultiviert wird.

Besuch aus den Anden

Gestaltung: Dieser Besuch aus den Anden ist Verwandtschaft unseres kleinen Schneeglöckchens, heißt Eucharis oder *Urceolina grandiflora,* und gehört in die Familie der Amaryllisgewächse, wie auch die Narzissen. Das grünliche Weiß von *Urceolina grandiflora* und ihr feines, bescheidenes, aber doch edles Wesen erlauben eine stille, elegante Gestaltungsausrichtung. Das bizarre Gewirk der Wege-Rauke, golden besprüht, steht für den Winter und bildet eine Art Aura. Wärme dagegen kommt durch die Kugeln und das rote Satinband in die Gestaltung. Die Farben der Eucalyptusblüte korrespondieren mit den Kugeln, und die Jasminranke nimmt Verbindung zur Eucharis auf. Die aufrechte, lineare Gestaltung ist trotz ihrer Höhe in der Tendenz abfließend.
Technik: Das Gebinde wurde in der Hand gestaltet und ungebunden in die enghalsige Vase gestellt. Erst dann wurden die Bandlängen für die Kugeln bemessen, fixiert und mittels Draht am Vasenrand befestigt.
Farben: grünliches Weiß, helles Blaugrün, mittleres Grün, Altrosa, Rubinrot. Das Gefäß hat eine graubunte irisierende Oberfläche.

Besuch aus den Anden

Ahorn, *Acer*

Eucalyptus

Eucharis, *Urceolina grandiflora*

Jasmin, *Jasminum officinale*

Seidenkiefer, *Pinus strobus*

Wegerauke, *Sisymbrium officinale*

Aussage: Von dem eleganten Arrangement geht eine ruhige Festlichkeit aus.
Hinweis: Von den Blüten des Jasmin, der Eucharis und vom Eucalyptus gehen Düfte aus, was eine Besonderheit in den Wintermonaten darstellt. Übrigens haben auch Schneeglöckchen und Narzissen einen lieblichen Duft.

Wegerauke, *Sisymbrium officinale*

Standort: Die Wege-Rauke trifft man wirklich oft am Wegrand an, ebenso aber auf Bahndämmen, in Unkrautbeständen, in Ruinen und im Bereich von Baustellen und am Feldrand. Die Pflanze ist Stickstoffanzeiger.

Pflücktermin: Die Wegerauke blüht und wächst vom Hochsommer bis in den Herbst hinein, wo sie schließlich ihre endgültige Größe erreicht hat. Das abgestorbene, trokkene Gewirk kann man den ganzen Winter hindurch finden.
Verwendung: Das blühende Kraut kann man im Juli und August im Sommerblumensträußen zusammen mit Gräsern verwenden. Am wirkungsvollsten ist seine bizarre Schönheit aber erst im Herbst und Winter, wenn es damit die typischen jahreszeitlichen Aspekte in die Gestaltung trägt. *Sisymbrium officinale* ist sehr effektvoll.
Haltbarkeit: Die im Juni und Juli blühende Pflanze wird als Schnittblume leicht schlapp. Durch das Anbrühen der Stielenden und durch Auslichten kann man dem entgegenwirken. Besser verwendbar ist diese Pflanze im Herbst, wenn der Umgang mit ihr problemloser ist.
Konservierung: Erst im Spätherbst holt man die Pflanzengespinste zum Trocknen herein, aufzuhängen braucht man sie nicht.
Bemerkung: Die Wegerauke gehört zu den Pflanzen, die gewissermaßen abstoßend wirken, und im Winter sogar als häßlich empfunden werden. Nur der Erfahrene weiß um die Rolle und den Wert solcher Pflanzencharaktere für interessante und tiefsinnige Gestaltungen.

Stumpfblättriger Ampfer, *Rumex obtusifolius*

Standort: Man trifft diese Ampferart sehr häufig am Wegrand, auf Unkrautfluren und Wiesen, in Kompostecken, auf Schuttplätzen und Kahlschlägen. Dort wächst sie gern auf humosen, nährstoffreichen Ton- und Lehmböden.

Pflücktermin: Diese und ähnliche Ampfer-Arten sind im Juli und August pflückreif, wenn der große Blütenstand genügend Zellaufbau hat. Im Herbst bieten sich die Samenstände an.
Verwendung: Der großwüchsige und sehr rauh wirkende Blütenstand ist im rustikalen Bereich beheimatet, kann aber auch elegante Rollen einnehmen, zum Beispiel zusammen mit Lilien und langen, roten Rosen. Die Samenstände im Herbst sind zusammen mit Chrysanthemen und Sonnenblumen, großen Gräsern und Bärenklau hübsch. Zerteilt lassen sich die Samenstände gut für rustikale, rundgebundene Sträuße zum Trocknen verwenden. Getrocknete Samenstände sind für winterliche Frischblumengebinde und Trockensträuße interessant.
Haltbarkeit: Das junge, blühende Kraut und das Blattwerk neigen leicht zum Schlappwerden. Man wartet mit dem Pflücken der Blüten deshalb bis sie stabil sind. Wie immer stehen Standort und Haltbarkeit im engen Zusammenhang. Vollsonniger Standort und karger Boden bringen zwar kleinere, aber zählebigere Exemplare hervor.
Konservierung: Am besten lassen sich die Samenstände im Herbst trocknen. Man stellt sie hin oder legt sie zum Trocknen aus.
Bemerkung: Für heuschnupfenanfällige Menschen sei bemerkt, daß Ampfer vom Wind bestäubt wird und daher ungeheuer viel Pollen abgibt.

Zimtsterne & Co.

Gestaltung: Der rundgebundene Strauß besteht zur Hälfte aus abgestorbenen Pflanzenteilen in lebkuchenbraunem Farbton. Wie Zuckerguß wirken dazu die kleinen, weißen Sterne der Tazetten, was mich an Zimtsterne erinnert. Erst das helle Grün der Schirmtanne bringt deutlich pflanzliche Aspekte ins Gebinde. Das Gefäß schwingt in der Stimmung der Pflanzen.

Zimtsterne & Co.

- Baumhasel, *Corylus colurna*
- Golddistel, *Carlina vulgaris*
- Gelbusch
- *Leucadendron platyspermum*
- Liguster
- Mahonie
- Schirmtanne, *Sciadopitys*
- Stumpfblättriger Ampfer, *Rumex obtusifolius*
- Tazette, *Narcissus*
- Zapfen der Sitkafichte, *Picea sitchensis*

Rechte Seite:
Stiller Christrosenstrauß

Christrose, *Helleborus niger*

Eibe, *Taxus baccata*

Gemeiner Rainkohl, *Lapsana communis*

Geschlängelte Schmiele, *Deschampsia flexuosa*

Mistel, *Viscum album*

Winterschneeball, *Viburnum tinus*

Zapfen der Douglasie, *Pseudotsuga*

Segge, *Carex*

Technik: Der Strauß wurde nach üblicher Bindetechnik angefertigt, wobei Zapfen und Haselnüsse vorher gedrahtet wurden.
Farben: Lebkuchenbraun, Dunkelbraun, Rotbraun, Gelbgrün, Beige und Weiß, Schwarz und Gold. Das Gefäß aus hellem Ton trägt eine Glasur in Brauntönen.
Aussage: Das Gebinde vermittelt recht gut vorweihnachtliche Stimmung in naturnaher, dezenter Aufmachung. Beim Anblick lassen sich Düfte von Zimtstangen, Muskat und Lebkuchengewürz oder Myrrhe, Weihrauch, Gold und ein Stern über bescheidener Hütte assoziieren.
Hinweis: Man könnte soweit gehen, und sogar noch Zimtstangen in ein solches Gebinde einarbeiten oder, statt der Tazetten Äpfel nehmen, die auf Hölzer gespießt werden. Dann erhält man den sehr weihnachtstypischen Charakter von »Apfel, Nuß und Mandelkern«.

Stiller Christrosenstrauß

Gestaltung: In diesem kleinen, rund gebundenen Strauß ordnen sich die anderen Pflanzen den Christrosenblüten unter bzw. bilden einen Rahmen aus winterlicher stiller Natur. Ein wenig Festlichkeit geben vergoldete Gräser in Korrespondenz zu dem Gefäß mit Goldrand.
Technik: Der Strauß wurde nach üblicher Bindeart angefertigt.
Farben: Weiß, helles Gelb, gelbliches Grün, dunkles Grün, Blaßrosa, Beigebraun und warmes Braun. Das Gefäß ist dunkelbraun und beige mit rosa Hauch und Goldrand.
Aussage: Nur Christrosen vermögen Weihnachten in Stille und Bescheidenheit und dabei noch so kraftvoll widerzuspiegeln, wie sie es in diesem Gebinde nun tun.
Hinweis: Besonders in farbschwachen Arrangements gibt das Spiel mit Farbnuancen dem Werkstück die nötige Tiefe, und beugt damit der Langeweile vor. Die Würze in dieser Gestaltung liegt in dem sanften Rosé, das auf den Knospen, auf der Rückseite der Christrosenblüte, in den Blüten des Winterschneeballs und als Hauch in der Glasur des Gefäßes liegt. Eine andere Parallelität liegt im Gelbbereich zwischen Christrosenblüte und Mistel, zwischen Mistel und Topf und den Zapfen und dem Topf.

Wilde Malve, *Malva sylvestris*

Standort: Malven zeigen stickstoffhaltigen Boden an, den sie trocken, toniglehmig oder sandig lieben. Man trifft sie in Unkrautfluren, auf Schuttplätzen, am Wegrand und gern beim Komposthaufen oder als Gast im Gemüsegarten oder Staudenbeet.

Euphorbia pulcherrima – genannt Weihnachtsstern
Douglasie, *Pseudotsuga*
Erle, *Alnus*
Eucalyptus
Golddistel, *Carlina vulgaris*
Kiefernzapfen
Weihnachtsstern, *Euphorbia pulcherrima*
Reitgras, *Calamagrostis*
Wacholder, gelb, *Juniperus chinensis*
Weymouthskiefer, *Pinus strobus*
Wiesen-Bärenklau, *Heracleum spondylium*
Winterschneeball, *Viburnum tinus*

Pflücktermin: Diese Malve und verwandte Arten blühen von Juni bis Oktober. Man kann die Blüten oder später, besonders auch nach dem Frost, die Samenstände pflücken.
Verwendung: Wilde Malven sind für leichte, romantische, zartfarbene Sommersträuße schön oder für wildhaft kleinblumige Kombinationen mit vielen Gräsern. Der Samenstand aller Malven-Arten ist vergoldet oder naturbelassen in der Adventsbinderei zu gebrauchen und natürlich für Trockenblumenarbeiten.
Haltbarkeit: Malven sind gut haltbar in der Vase, wenn man die Stielenden ankocht und eventuell die Blattmasse reduziert.
Konservierung: Zum Trocknen eignen sich nur die Samenstände im Spätherbst.
Bemerkung: Es gibt einige wilde Malvenarten, von denen die kleinwüchsige, weißlich blühende *Malva pusilla* unter Schutz gestellt ist.

Euphorbia pulcherrima – genannt Weihnachtsstern

Gestaltung: Ein roter Weihnachtsstern, eine Blüte der *Euphorbia pulcherrima,* wurde mit immergrünen Nadelgehölzen, Zapfen, Zweigen und vergoldeten Samenständen umgeben. Die Kerzen, im gleichen Rotton wie die Blüte, auf den Kerzenleuchtern gehen in die Gestaltung mit ein. Man könnte das Ganze auch als Adventsgesteck mit Wasserversorgung betrachten.
Technik: Das Gebinde wurde wie ein rund gebundener Strauß angefertigt. Die großen Kiefernzapfen wurden mittels eines stabilen Steckdrahtes befestigt.
Farben: Blutrot, mittleres, dunkles und blaues sowie gelbliches Grün, Rehbraun, dunkles Braun, Beige und Gold. Gefäß und

Leuchter spielen in den Farben Schiefergrau, Rost und Patinagrün.
Aussage: Gebinde mit Weihnachtssternen haben einen stark dekorativen Charakter. Diesem Strauß wurde durch die filigrane Vielfalt des Beiwerks ein wenig Geheimnis gegeben, so daß zusammen mit den Kerzenleuchtern ein gehaltvoll festlicher Ausdruck zustande kam.
Hinweis: Keine Pflanze wird zum Weihnachtsfest so oft gekauft wie der Weihnachtsstern. Sein dekoratives Wesen, seine starken Farbkontraste haben unsere auf optische Reize ausgelegten Gemüter im Sturm erobert. Nur drei Tage nach Weihnachten wird diese Blume wie eine heiße Kartoffel fallengelassen. Im Handel kann man die unverkauften Exemplare nun wegwerfen. In den Wohnungen mag man das grelle Rot in den Fenstern auch bald nicht mehr sehen. Der Frühling malt in zarten Tönen, aber der Weichnachtsstern heißt *Euphorbia pulcherrima* und blüht mindestens bis Ostern; daran sollte man denken.

Große Klette, *Arctium lappa*

Standort: Selten trifft man auf größere Vorkommen dieser Art, die auf lehmigen, nährstoffreichen, aber auch auf sandigen Böden zu finden ist. Unkrautbestände, Schuttplätze, Uferböschungen und Wegränder sind Plätze der Kletten.
Pflücktermin: Man schneidet sie erst, wenn schon eine Reihe von Blüten erblüht ist. Ende Juli, Anfang August ist es meist so weit. Die Große Klette blüht bis in den September hinein und wartet dann bis in den Winter mit Samenständen auf.
Verwendung: Die Große Klette ist bizarr und sehr eigenwillig in ihrem Ausdruck und bietet wenig Kombinationsmöglichkeiten. Es gibt einige wenige Wildpflanzen, die gut zu ihr passen, wie die Königskerze, das Schmalblättrige Weidenröschen und Gräser. Etwas lieblichere Arten, wie die Kleine und die Filzige Klette lassen sich schon einmal mit Freilandrosen zusammenbringen, sind aber allesamt auch solo, ohne jedes Beiwerk, in ein schönes Gefäß gestellt, bewunderungswürdig. Getrocknete Kletten sind zur Weihnachtszeit und für die Trockenblumenbinderei interessant.
Haltbarkeit: Wie bei allen großwüchsigen, einjährigen Pflanzen und Stauden muß man in der Anfangsphase der Blütezeit damit rechnen, daß die Pflanzen in der Vase schlapp werden. Meist haben sie innerhalb kurzer Zeit einen großen Wachstumsschub durchgemacht und dabei mit wenig Zellulose und viel Wasser gebaut. Erst im Laufe

Früher waren es die Cyclamen

Alpenveilchen, *Cyclamen*

Birke, *Betula*

australisches Heidegewächs

Eucalyptus

Gelbe Haarzypresse, *Chamaecyparis* 'Filifera Aurea Nana'

Kanadische Goldrute, *Solidago canadensis*

Leucadendron

Mahonie

Nordmannstanne, *Abies nordmanniana*

der Zeit verfestigen sich die Strukturen und die Pflanze erhält mehr Stabilität. So ist es auch bei der Klette. Dabei darf man auch nicht erwarten, daß die ganze große Pflanze sich in der Vase hält. Lediglich Verästelungen mit maximal 50 cm Stiellänge, oder sehr stark ausgeschnittene, langstieligere Exemplare werden sich halten. Außerdem ist das Ankochen der Stielenden sehr wichtig für die Haltbarkeit dieser Pflanze im Blühstadium. Samenstände sind, wie immer, unempfindlicher.

Konservierung: Man kann Blüten und Samenstände zum Trocknen aufhängen.

Bemerkung: Kletten haben ihren Namen von ihrer gnadenlosen Hafteigenschaft. Kindern sind sie ein liebes Spielzeug, mit dem sie sich bekriegen und Figuren bauen. Besonders alte, brüchige Kletten sind aus Wollkleidung nur mühsam wieder herauszukriegen.

Früher waren es die Cyclamen

Gestaltung: Auch heute noch werden in der Vorweihnachtszeit rote Alpenveilchen geschätzt, aber es wird weniger. Das knallige Rot der Weihnachtssterne hat die Cyclamen verblassen lassen. Dabei sind sie so viel eigenwilliger und feinsinniger in ihrer Art und bieten eine Menge Kombinationsmöglichkeiten. Man kann ihnen glaubhaft viele einheimische Pflanzenteile aus dem Repertoire des Winterbeiwerks andienen, das ihr naturhaftes Wesen unterstreicht. Will man ihre Zartheit betonen, stellt man einige Blüten und Blätter in ein optisch leichtes Gefäß und läßt sie von einer Jasminranke umspielen.

Dieses Gebinde zeigt ein herbes Kombinationsmuster mit winterlich kahlen Zweigen. Aber auch der zarte Wesenszug des Alpenveilchens bekam sein Pendant in der Gold-

rute, der australischen Heide und den flauschigen Samenträgern des Leucadendron.
Technik: Der Strauß wurde nach üblicher Bindeart gemacht.
Farben: Kadmiumrot, Rehbraun, Beigebraun, Rotbraun, Sattgrün, gelbes Grün, Giftgrün und Gold. Die Oberfläche des Gefäßes ist schiefergrau bläulich.
Aussage: Das Gebinde hat einen eigenwilligen, etwas herben, adventlichen Ausdruck, mit lieblich verspielter Note.
Hinweis: Cyclamen verdunsten viel Feuchtigkeit. Daher sollte man ihre Stiele nicht nur lang anschneiden und einkerben, sondern zusätzlich mit einem spitzen Messer einritzen, so daß sie mehr Wasser aufnehmen können.

Märchenhafter Christrosenstrauß

Gestaltung: Dieser gestuft gebundene Strauß ist einseitig ausgerichtet. Der innere Bereich trägt klare, spannungsvolle Farb- und Strukturelemente. Im äußeren Bereich ist das Farbspiel diffus und die Strukturen sind filigran, bizarr und verwoben. Die schalenförmigen, weißen Christrosenblüten mit den gelben Staubgefäßen ziehen den Blick auf sich und bilden den Schwerpunkt in diesem Gebinde.

Märchenhafter Christrosenstrauß

Christrose, *Helleborus niger*

Golddistel, *Carlina vulgaris*

Gummitanne, *Abies nobilis*

Hecken-Windenknöterich, *Fallopia dumetorum*

Mistel, *Viscum album*

Rotbuche, *Fagus sylvatica*

Schmalblättriges Weidenröschen, *Epilobium angustifolium*

Stechpalme, *Ilex*

Wacholder, *Juniperus*

Weiße Lichtnelke, *Silene pratensis*

Technik: Der Strauß wurde in üblicher Bindetechnik angefertigt und gebunden ins Gefäß gestellt. Erst zum Schluß wurden die Windenranken spielerisch leicht in das Arrangement gegeben. Für Transportzwecke müßten sie mit feinem Draht am Geäst fixiert werden.
Farben: Feuerrot, Schneeweiß, grünliches Weiß, graues Weiß, helles Gelb, Ocker, helles Braun, blaues Grün, sattes Grün und gelbes Grün. Die Oberfläche der Vase ist beige und hellbraun.
Aussage: Dieses Gebinde ist voller Dynamik und Mystik, Lieblichkeit und Anmut, Leben und Tod. Es ist wie ein Weichnachtsmärchen.
Hinweis: Ergänzt man einen blumigen Ausdruck mit Accessoires, so müssen diese eindeutigen Bezug zum Gebinde haben. Hier gaben die roten Ilexbeeren den Anstoß, das Rot zu wiederholen, was durch die bemalte Spanschachtel und den roten Apfel gut gelöst ist. In der Schachtel befinden sich zusätzlich weihnachtliche Attribute, wie Äpfel und Nüsse. Die Schachtel nährt auch geheimnisvolle Gedanken, denn sie verbirgt mehr, als sie offenlegt.

Weiße Lichtnelke, *Silene pratensis*

Standort: *Silene pratensis* findet man recht häufig, denn sie wächst sowohl auf sandigen als auch auf lehmigen Böden, gern humos und trocken, am Wegrand, in Brachen und Knicks, Gebüschen, an Ackerrändern und auf Kahlschlägen.
Pflücktermin: Die Weiße Lichtnelke kann man von Juni bis Oktober blühend antreffen. Später, nach dem Frost und bis ins Frühjahr hinein, bieten sich die stabilen, kleinen Samenstände an.

Die Weihnachtsschale

Baumhasel, *Corylus colurna*

Christrose, *Helleborus niger*

Golddistel, *Carlina vulgaris*

Kornrade, *Agrostemma githago*

Mistel, *Viscum album*

Reitgras, *Calamagrostis*

Schwarzkiefer, *Pinus nigra*

Waldrebe, *Clematis vitalba*

Verwendung: Die Weiße wie die Rote Lichtnelke sind liebliche Gewächse, die man naturhaft grasig oder lieblich romantisch verwenden kann. Als Partner bieten sich kleinblumige Wildpflanzen oder kleinblumiges Schleierkraut, Sommerrittersporn, Jungfer im Grünen, Godetien und andere zarte Sommerblumen an. Im Winter geben die Samenstände, besonders mit geöffneten Samenkapseln, entzückende Momente in die Gestaltungen. Dabei ist ein sparsamer Gebrauch wichtig, sonst wird der Effekt sofort überstrapaziert. Die Lieblichkeit wird zum langweiligen Massenartikel. Es hat seinen besonderen Reiz, Kleinigkeiten, die von weitem nicht erkennbar sind, beim Näherkommen entdecken zu können.
Haltbarkeit: Lichtnelken sind recht haltbare Schnittblumen, bei denen die Knospen auch im Zimmer noch erblühen. Besonders bei jungen Exemplaren sollte man die Stielenden anbrühen.
Konservierung: Die Pflanze ist zum Trocknen ungeeignet, und die Samenstände pflückt man am besten nach dem Frost, wenn sie hellbraun und von weichen Pflanzenteilen befreit, am Wegrand stehen.
Bemerkung: Die Weiße Lichtnelke blüht erst nachmittags auf und hat einen lieblichen Duft. Die Rote Lichtnelke dagegen blüht den ganzen Tag und duftet gar nicht.

Die Weihnachtsschale

Gestaltung: Die Abbildung zeigt das Arrangement aus der Vogelflugperspektive, denn nur so kommt diese flach gehaltene Schalen-

füllung zur Geltung. In Frage kommt ein Platz auf dem Couchtisch oder einem flachen Nebentischchen, wo genügend Licht die feinen Reize offenbar macht.
Beim Gestalten wurden die Mistelzweige strahlenförmig ausgelegt und durften durch anderes Pflanzengewerk nicht zu stark überdeckt werden. Andererseits sollte eine Vielfalt entstehen und ein Pol, eine Verdichtung, die auch Geheimnisse anzubieten hat. In die strahlenförmig in einer großen flachen Schüssel mit Schmuckrand ausgelegten Misteläste werden die sechs, zuvor an den Stengeln beschnittenen und eingeritzten Christrosenblüten einzeln eingelegt, mit dem Blütengesicht nach oben. Dann beginnt man einen Schwerpunkt, eine Verdichtung in der Schale zu bilden, die nicht genau in der Mitte sein soll. Benötigt werden zwei kleine Kiefernzweige, drei Golddistelblüten, von denen zwei im Zentrum der Verdichtung stehen und eine am Rand. Ein Blatt der Christrosenpflanze, eine Nuß der Baumhasel, vergoldet, zwei Kiefern, ein Stiel trokkene Hagebutten, ein Reitgras, beides mit Goldbronze besprüht, und ein Samenstand der Waldrebe. Als Clou legen wir den anmutigen Samenstand der Kornrade, auch vergoldet, quer über diese Gestaltung, aber natürlich auch nicht direkt in die Mitte.
Dabei sei bemerkt, daß die Zutaten immer wieder neu auf jedes Gefäß abgestimmt werden müssen.

Technik: Die Pflanzenteile wurden gelegt und dabei ohne technische Hilfsmittel ineinander verwoben.
Farben: gelbliches Grün, mittleres Graugrün, grünliches und graues Weiß, Schneeweiß, Hellgelb, Rehbraun, gedecktes Braun, Orange, Beige und Gold. Gefäß: Die Oberfläche des Gefäßes ist himmelblau und eierschalenfarben.
Aussage: Ein wenig wie leuchtende Sterne am blauen Himmel, sehen die Christrosen in der Schale aus. Gold- und Brauntöne holen uns allerdings wieder auf die Erde und das sanfte Grün tut dem Auge wohl. Es ist ein unverschnörkelt klarer Weihnachtsausdruck.
Hinweis: Advent ist die spannungsvolle Zeit vor dem Weihnachtsfest und wird durch spannungsvolle Rot-Grün-Kontraste zum Ausdruck gebracht.
Zum Weihnachtsfest direkt sind auch die Farben Weiß und Blau neben Grün passende Farben. Sie sind von entspannender Weite, friedvoll und still.

Schnittblumen in der Vorweihnachtszeit

Standard

Alpenveilchen, *Cyclamen*
Amaryllis, alle Farben, *Hippeastrum*
Anemonen, alle Farben, *Anemone fulgens*
Chrysanthemen, *Dendranthema*-Grandiflorum-Hybriden
Flamingoblume, *Anthurium*-Andreanum-Hybriden
Freesien, weiß, *Freesia*
Gerbera, rot, weiß, lachs
Wolfsmilch, *Euphorbia fulgens*
Lilien, crème, weiß, Rottöne
Nelken, weiß, rot, lachs, champagner, lila, *Dianthus*
Orchideen, *Cymbidium, Cattleya, Phalaenopsis, Paphiopedilum*
Ranunkel, apricot, rosa, weiß, rot, *Ranunculus asiaticus*
Rosen, weiß, lila, Rosa- und Rottöne
Weihnachtsstern, *Euphorbia pulcherrima*

Stauden und Blütenzweige

Christrose, *Helleborus niger*
Flieder, *Syringa*
Kamelie, *Camellia*
Kirsche, *Prunus*
Maiglöckchen, *Convallaria majalis*
Wetterdistel, *Carlina acaulis* ssp. *simplex*
Winter-Jasmin, *Jasminum nudiflorum*
Zierquitte, *Choenomeles*-Hybriden

Zwiebelgewächse

Hyazinthen, blau, weiß, *Hyazinthus orientalis*
Milchstern, *Ornithogalum thyrsoides*
Tazetten, weiß, *Narcissus*
Tulpen, rot, weiß, pink

Importe

Banksia, diverse Arten
Berzelia, diverse Arten
Brunia, diverse Arten
Erica, diverse Arten
Heliconia caribea
Ingwer, *Zingiber*
Leucadendron, diverse Arten
Phylica, diverse Arten
Protea, diverse Arten

Beiwerk in der Vorweihnachtszeit

Trockene Pflanzenteile

Bärenklau,
Heracleum
Distel-Arten,
Cirsium arvense, C. vulgare, C. palustre
Feinhalm-Miscanthus,
Miscanthus sinensis, 'Gracillimus'
Beifuß, *Artemisia vulgaris*
Windenknöterich,
Fallopia convolvulus
Leimkraut, *Silene vulgaris*
Geschlängelte Schmiele,
Deschampsia flexuosa
Gilbweiderich,
Lysimachia vulgaris
Golddistel, *Carlina vulgaris*
Goldruten-Arten,
Solidago gigantea, S. canadensis
Hopfen, *Humulus lupulus*
Kälberkropf,
Chaerophyllum temulum
Kletten-Arten,
Arctium lappa, A. minus
Kornrade, *Agrostemma githago*
Lein, *Linum flavum*
Lichtnelken-Arten,
Silene pratense
Platterbsen-Arten,
Lathyrus latifolius, L. sylvestris, L. palustris
Rainfarn, *Tanacetum vulgare*
Rainkohl, *Lapsana communis*
Rauken-Arten,
Sisymbrium altissimum, S. officinale
Reitgras, *Calamagrostis*
Rotes Straußgras, *Agrostis tenuis*
Wald-Ruhrkraut,
Gnaphalium sylvaticum
Waldrebe, *Clematis vitalba*
Weidenröschen-Arten,
Epilobium angustifolium, E. parviflorum, E. palustre, E. hirsutum
Wiesen-Schafgarbe,
Alchemilla millefolium
Wilde Möhre, *Daucus carota*

Immergrüne Blattgehölze

Buchsbaum, *Buxus sempervirens*
Efeu, *Hedera helix*
Immergrün, *Vinca minor*
Johannisstrauch,
Hypericum calycinum
Kirschlorbeer,
Prunus laurocerasus
Kriechspindel, *Euonymus*
Mahonie, *Mahonia aquifolium*
Rhododendron
Stechpalme, *Ilex aquifolium*

Nadelgehölze

Douglasfichte, *Pseudotsuga*
Eibe, *Taxus baccata*
Fichten-Arten,
Picea omorica, P. abies
Hemlocktanne, *Tsuga canadensis*
Kiefern-Arten,
Pinus strobus, P. sylvestris, P. montana, P. nigra, P. mugo
Scheinzypresse,
Chamaecyparis lawsoniana
Sicheltanne,
Cryptomeria japonica
Tannen-Arten,
Abies concolor, A. nordmanniana
Wacholder-Arten,
Juniperus communis, J. chinensis, J. horizontalis, J. squamata, J. virginiana
Zeder, *Cedrus*
Zypresse, *Cypressus sempervirens*

Importe und Treibhausgewächse

Aralie, *Fatsia japonica*
Aspalathus
Asparagus-Arten,
Asparagus setaceus
Bärgras, *Xerophyllum*
Baumlieb, *Philodendron*
Berzelia
Eucalyptus-Arten,
Eucalyptus globulus, E. gunnii, E. coccifera, E. niphophila
Flamingoblume, *Anthurium*-Andreanum-Hybriden
Grevillea-Arten,
Grevillea robusta, G. aspleniifolia
Kastanienblättrige Eiche,
Quercus castaneifolia
Kokospalme, *Phoenix canariensis*
Leucadendron platyspermum
Salalle
Stoebe plumosa
Zimtkassie,
Cimmamomum aromaticum

Literaturverzeichnis

Aichele, D., Golte-Bechele, M.: Was blüht denn da? Franckh'sche Verlagshandlung, Stuttgart, 52. Aufl. 1989

Bärtels, A.: Schöne Clematis. Verlag Eugen Ulmer, Stuttgart 1989

Blab, I., Nowak, E., Trautmann, und Sukopp, H.: Rote Liste der gefährdeten Tiere und Pflanzen in der Bundesrepublik Deutschland. Kilda Verlag, Greven 1984

Brickell, C.: Enzyclopädie der Garten- und Zimmerpflanzen. Mosaik-Verlag, München 1990

Büch, C., Gehm, T.: Blumenschmuck nach Jahreszeit. Verlag Eugen Ulmer, Stuttgart 1990

Christiansen, M. S.: Bestimmungsbuch 29. BLV München 1980

Encke, F., Buchheim, G., Seybold, S.: Zander Handwörterbuch der Pflanzennamen. Verlag Eugen Ulmer, Stuttgart, 14. Aufl. 1993

Feßler, A.: Naturnahe Pflanzungen. Verlag Eugen Ulmer, Stuttgart 1988

Förster, K.: Einzug der Gräser und Farne in unsere Gärten. Verlag Eugen Ulmer, Stuttgart, 7. Aufl. 1988

Hanf, Martin: Farbatlas Feldflora. Wildkräuter und Unkräuter. Verlag Eugen Ulmer, Stuttgart 1990

Hobhouse, P.: Farbe im Garten. Verlag Eugen Ulmer, Stuttgart 1986

Itten, I.: Die Kunst der Farbe. Otto Maier Verlag, Ravensburg 1970

Jacob, A., Grimm, H. und W., Müller, B.: Alte Rosen und Wildrosen. Verlag Eugen Ulmer, Stuttgart 1990

Jelitto, L., Schacht, W., Feßler, A.:Die Freiland-Schmuckstauden. Verlag Eugen Ulmer, Stuttgart 1985

Krüssmann, G.: Rosen, Rosen, Rosen. Verlag Paul Parey, Berlin, Hamburg 1986

Manthey, G.: Schöne Fuchsien. Verlag Eugen Ulmer, Stuttgart 1989

Oberdorfer, E.: Pflanzensoziologische Exkursionsflora. Verlag Eugen Ulmer, Stuttgart, 6. Aufl. 1990

Rothmaler, W.: Exkursionsflora, Bd. 3, Verlag Volk und Wissen, Berlin 1988

Runge, F.: Die Pflanzengesellschaften Mitteleuropas. Aschendorfsche Verlagsbuchhandlung, Münster, 11. Aufl. 1990

Schönfelder, P. und I.: Der Kosmos-Heilpflanzenführer. Franckh'sche Verlagsbuchhandlung, Stuttgart 1980

Steinbachs Naturführer. Strauchgehölze. Mosaik Verlag, München 1985

Steinbachs Naturführer. Wildblumen Mitteleuropas. Mosaik Verlag, München 1982

Wundermann, I., Stobbe-Rosenstock, F.: Der Florist, Bd. 1. Gestaltungslehre und floristisches Gestalten. Verlag Eugen Ulmer, Stuttgart, 7. Aufl. 1989

Pflanzenregister

Aufgenommen wurden alle in den Bildlegenden aufgeführten (abgebildeten) Pflanzen. Fett gedruckte Seitenzahlen verweisen auf ausführliche Beschreibungen.

Abies nobilis 223
– *nordmanniana* 208, 222
Acacia 72
Acer 215
– *platanoides* 93
Achillea 125
– *filipendulina* 149
– *millefolium* 158
Acker-Hundskamille **137**, 138
Acker-Vergißmeinnicht 156
Ackertrespe 189
Ackerwinde 140
Adlerfarn 195
Aegopodium podagraria 87, **90**, 138, 147, 177
Ageratum 149
Agrimonia eupatoria 158, **160**
Agropyron 158
Agrostemma githago **46**, 49, 113, 212, 225
Agrostis 208
– *tenuis* **42**, 46, 50, 57, 58, 60, 61, 75, 76, 83, 146, 147, 156, 158, 183, 204
Ahorn 215
Akelei 98, 107, 110, 146
Alchemilla 129, 146
Alliaria petiolata **92**
Allium schoenoprasum 107
Alyssum 98
Alnus glutinosa 55, 58, 60, 220
– *oregona* 52
Alpenrose 99, 212, 213
Alpenveilchen 222
Alyssum saxatile 98, 119
Amaranthus caudatus 178
Amaryllis 212
Amelanchier ovalis 76
Ampfer 138, **216**, 217
Amstelraute 151
Andromeda polifolia 61
Anemone 213
– *blanda* 63
– *nemorosa* **85**, 86, 87
– *pavonia* 213
Anethum graveolens 163, 187, 189, 190
Anthemis arvensis **137**, 138
Anthriscus sylvestris 87, 96, 107, 110, 121, 122, 125, 138
Apera spica-venti 52, 83, 158, **163**
Apfel 99
Aquilegia vulgaris 98, 107, 110, 146
Arctium lappa **221**
Aronstab 89
Arrhenatherum elatius **125**, 149, 156
Artemisia vulgaris **207**
Arum maculatum 89
Asparagus 58
– *officinalis* 187
– *setaceus* 142
Aster ericoides 163, 184, 189
Astilbe 110
Astrantia minor 144
Aurikel 87, 89
Austernseitling 195
Avena sativa 163

Ballonblume 158
Barbarakraut **96**
Barbarea vulgaris **96**
Bärengras 98, 110
Bärenklau 205, **206**, 220
Bartnelke 119
Baumhasel 217, 225
Beifuß **207**
Beinwell **123**
Bellis 61
Bergbohnenkraut 174
Bergenia 75
Bergwaldrebe 116, 119, 174
Besenginster 208
Betula 195
– *tristis* 46, 61, 72, 195, 222
Bienenweide 126
Bingelkraut 89, **90**
Birke 46, 61, 72, 195, 222
Birne 98, 99
Bleiwurz 151
Blutpflaume 184
Blutweiderich 184, **186**
Borago officinalis 146, 163
Borretsch 146, 163
Brassica napus 46, 125, 138
Brautspiere 76
Bromus **111**
– *arvensis* 189
– *sterilis* 45, 72, 110, 113, 116, 125, 129
Bronceblatt 57, 204, 205
Brunnera 87
Buschwindröschen **85**, 86, 87

Calamagrostis 50, 52, 55, **58**, 60, 72, 119, 205, 220, 225
– *arundinacea* 142
Calathea makoyana 119
Calendula 125
Calystegia sepium **139**
Campanula rotundifolia 156, **158**
Capsella bursa-pastoris **94**, 96, 119, 138
Carex 46, 49, 72, 76, 83, 86, 146, 147, 149, 156, 178, 183, 184, 189, 190, 204, 218
Carlina acaulis **214**
–– ssp. *simplex* 213
– *vulgaris* 211, 217, 220, 223, 225
Celosia argentea 183
Centaurea cyanus 58, 125, 126, **128**
– *scabiosa* 138, 178, **184**, 212, 213
Chaenomeles 63
– *japonica* 75
Chaerophyllum temulum **45**, 60, 72, 81, 113, 126
Chamaecyparis 205, 222
Chamelaucium uncinatum 61, 76, 205
Chamomilla 125, 126
Cheiranthus 82, 89, 93, 96
Christrose 21, 41, 218, 223, 225
Chrysantheme 190, 195
Cirsium palustre 138, 184
Clematis 20
– *montana* 116, 119, 174
– *vitalba* 184, 187, 192, 225
– *viticella* 140, 164
Convolvolus arvensis 140
Cornus alba 76, 177, 212, 213
– *mas* 75
Corydalis cava **88**, 89
Corylus 60, 78
– *colurna* 217, 225
Cosmos bipinnatus 163, 178
Curcurbita pepo 190, 192
Cyclamen 222
Cydonia oblonga 190, 192
Cytisus scoparius 208

Dactylus glomerata 119
Dahlie 182, 189
Daucus carota **178**
Dendranthema-Grandiflorum-Hybriden 189, 190, 195
Deschampsia **154**
– *cespitosa* 72
– *flexuosa* 49, 81, 129, 142, 144, 156, 183, 205, 218
Dianthus 49
– *barbatus* 119
Dicentra spectabilis 98
Dichternarzisse 76, 89
Dill 163, 187, 189, 190
Dodonaea 49, 52, 55, 205
Dornfarn 195
Douglasie 220
Dryopteris carthusiana 195

Echinops ritro 158
Efeu-Gundermann 116
Ehrenpreis 82, 107, 108
Eibe 218
Epilobium 72, 83
– *angustifolium* 138, **211**, 212, 213, 223
– *hirsutum* 55, **56**
– *parviflorum* 142, 151, **152**, 156, 163, 204
Erica 41
– *carnea* 58
Erigeron 110
– *karvinskianus* 146, 151
– *speciosus* 113
Erucastrum nasturtiifolium 183, 208
Esche 138
Eselsdistel 163
Eucalyptus 45, 46, 52, 58, 205, 215, 220, 222
Eucharis 215
Euonymus europaea 195
Euphorbia fulgens 211
– *polychroma* 96
– *pulcherrima* 220
Eustoma grandiflorum 149

Fagus sylvatica 60, 195, 223
Fallopia convolvulus 41, 57, **191**, 192
– *dumetorum* 223
Farne 72, 195
Faulbaum 211
Feinhalmmiscanthus 50, 76, 93, 184, 197, 212
Feinstrahlaster 110
Feinstrahlhafer 146, 151
Felicia amelloides 151
Felsenbirne 76
Fetthenne 174, 204
Filipendula ulmaria **184**
Forsythia × *intermedia* 60
Fragaria vesca var. *semperflorens* 146
Frauenflachs 156, **157**
Frauenmantel 129, 146
Fraxinus 138
Fritillaria meleagris 82
Fuchsia 151
– *magellanica* 151, 163
Funkie 147, 184

Gaillardia aristata 158
Galax urceolata 57, 204, 205

Galeobdolon luteum 81
Galeopsis tetrahit 183
Galium apparine **40,** 41, 156
– *mollugo* 129, 138, 142, 178, **179**
Gallapfel 208
Gamander – Ehrenpreis 107, **108**
Gartenchrysantheme 189
Gartenfuchsschwanz 178
Gelbusch 41, 217
Geranium macrorrhizum 63, 98, 107, 119
Gerste 125, 126, 158
Geschlängelte Schmiele 49, 81, 129, 142, 144, 156, 183, 205, 218
Giersch 87, **90,** 138, 147, 177
Gilbweiderich **189,** 190
Glatthafer **125,** 149, 156
Glechoma 63
– *hederacea* 116
Glockenblume 156, **158**
Golddistel 211, 217, 220, 223, 225
Goldglöckchen 60
Goldlack 82, 89, 93, 96
Goldnessel 81
Goldrute 41, 83, 183, **187,** 189, 190, 222
Grevillea 58
Gummitanne 223
Gundelrebe 63
Gypsophila paniculata 45, 142

Haarzypresse 222
Hafer 163
Hagebutte 163, 177, 183, 187, 189, 204, **211**
Hahnenfuß 107, **109**
Hainrispengras 55, 72, 98, 113, 119, **120,** 125, 126, 138, 149
Hamamelis mollis 56
Hartriegel 76, 177, 212, 213
Hasel 60, 78
Hasen-Klee **141,** 144, 146, 183
Hecken-Windenknöterich 223
Heide 41
Heidegewächs, australisches 205, 222
Helianthus annuus 163
Helictotrichon 96
Helleborus niger 21, 41, 218, 223, 225
Hellerkraut 87
Heracleum mantegazzianum 195
– *sphondylium* 205, **206,** 220
Himbeere 138, 147, 149, 158
Himmelsleiter 98
Hirtentäschel **94,** 96, 119, 138
Holcus lanatus 46, 121, 158
Holunder 138, 163, 177
Hopfen **62,** 63, 146
Hordeum 125, 126, 158
Hornklee 158
Hortensie 45, 163, 177
Hosta 147, 184
Howeia forsteriana 212
Huflattich **153**
Humulus lupulus **62,** 63, 146
Hundsrauke 183, 208
Hyacinthus amethystinus 107
Hyazinthe 107
Hydrangea 45, 163, 177
Hypericum 189, 190, 192
– *perforatum* 52, **54,** 138
Hyssopus 156, 163, 184

Ilex 223
Inkarnatklee **114**
Islandmohn 72, 125

Jakobsleiter 107
Japanischer Buchweizen **52**
Jasminum officinale 215
Jelängerjelieber 75, 113, 129
Johanniskraut 52, **54,** 138, 189, 190, 192
Jungfer im Grünen 110, 149, 156
Juniperus chinensis 45, 220
– *communis* 208, 213, 223

Kamille 125, 126
Kap-Aster 151
Kapuzinerkresse 163
Kartoffelrose 187
Kätzchenweide 58, 60
Katzenminze 55, 125
Kaukasischer Bärenklau 195
Kaukasusvergißmeinnicht 87
Kermesbeere 184
Klatschmohn **181**
Klette **221**
Klettenlabkraut **40,** 41, 156
Knäuelgras 119
Knoblauchsrauke **92**
Kokardenblume 158
Korallenbeere 177
Korkenzieherweide 58
Kornblume 58, 125, 126, **128**
Kornelkirsche 75
Kornrade **46,** 49, 113, 212, 225
Kosmee 163, 178
Krokus 55, 81
Krummholzkiefer 211
Kugeldistel 158
Kürbis 190, 192

Labkraut **179**
Lachenalia 61
Lachkraut **92**
Lamium album **91,** 93, 110
– *purpureum* 87
Lapsana communis **50,** 58, 72, 75, 149, 158, 183, 184, 218
Lathyrus latifolius 204, **209,** 211
– *pratensis* 113, 156, **158**
Lavandula angustifolia 174
Lavendel 174
Lavendelheide 61
Leberbalsam 149
Ledum palustre 46, 58
Leimkraut **141,** 142, 184
Lein 204
Leinkraut 156, **157**
Lerchensporn **88,** 89
Leucadendron 222
– *platyspermum* 41, 217
Leucanthemum vulgare 125, 126
Lichtnelke 158, 223, **224**
Ligustrum 187, 213, 217
Lilium 116, 177, 187
Limonium latifolium 174, 178
Linaria purpurea 142, 184
– *vulgaris* 156, 157
Linde 93
Linum 195
Lonicera caprifolium 75, 113, 129
– *heckrottii* 156, 163, 177
Lotus 158
Löwenzahn **95,** 96, 98, 107
Lunaria 45, 183
Lupine 113
Lysimachia punctata 190
– *vulgaris* **189**
Lythrum salicaria 184, **186**

Mädesüß **184**
Mahonie 46, 49, 61, 205, 217, 222
Malus-Hybride 83, 99
– *sylvestris* 99
Malva sylvestris **218**
Maranta 119
Margeriten 125, 126
Märzveilchen 78
Maßliebchen 61
Mäusedorn 72
Melica uniflora 98
Melilotus alba **148,** 149
Melissa officinalis 156, 174
Mentha piperita 174
Mercurialis 89, **90**
Mespilus 192
Mimose 72
Miscanthus sinensis 50, 76, 93, 184, 187, 212
Mispel 192
Mistel 218, 223, 225
Molinia caerulea **193,** 195
Monatserdbeere 146
Mondviole 45, 183
Moos **78**
Moschuskraut 87
Muscari 87
Myosotis arvensis 156
– *palustris* 76, 107
Myrtenaster 189

Narcissus poeticus 76, 89
– *tazetta* 76, 217
Narzissen 27, 63, 76, 83, 89, 217
Nelke 49
Nepeta × faassenii 55, 125
Nessel 87
Nigella 110
– *damascena* 149, 156
Nordmannstanne 208, 222

Obst 163
Odermennig 158, **160**
Onopordum acanthium 163
Oregano 156, 174, **175**
Orientlilie 116
Origanum vulgare 156, 174, **175**
Oxypetalum caeruleum 110

Palmenblatt 212
Panicum virgatum 177
Papaver nudicaule 72, 125
– *rhoeas* **181**
Parthenocissus 178
Perlgras 98
Perlhyazinthe 87
Pfaffenhütchen 195
Pfeffer 187
Pfefferminze 174
Pfeifengras **193,** 195
Pflaume 60
Phacelia 126
Phleum pratense 107
Phlox 178, 189
Phytolacca americana 184
Pinus mugo 211
– *nigra* 225
– *strobus* 205, 215, 220
Piper nigrum 187
Platterbse **209,** 211
Platycodon grandiflorus 158
Pleurotus ostreatus 195
Plumbago 151
Plumosus 142
Poa nemoralis 55, 72, 98, 113, 119, **120,** 125, 126, 138, 149
– *pratensis* 107
Polemonium 98, 107
Polygonatum odoratum **117**

Polygonatum affine 184
Prachtspiere 110
Prunus 60
- *avium* 76
- *cerasifera* 184
- *padus* 177, 184, 195
- *spinosa* 89
Pseudotsuga 220
Pteridium anquilinum 195
Pteris tremula 72
Purpur-Geißblatt 156, 163, 177
Pusteblume 106
Pyrus communis 98, 99

Quecke 158
Quercus coccinea 189
Quitte 190, 192

Rainfarn 60, 158, 163, **177**, 183, 190
Rainkohl **50**, 58, 72, 75, 149, 158, 183, 184, 218
Ranunculus acris 107, **109**
- *asiaticus* 75, 76, 205, 208
- *bulbosus* 107
- *ficaria* 86
Ranunkel 75, 76, 205, 208
Raps 46, 125, 138
Rasenschmiele 72
Reitgras 50, 52, 55, **58**, 60, 72, 119, 205, 220, 225
Reynoutria sachalinens **52**
Rhamnus frangula 211
Rhododendron 99, 212, 213
Ringelblume 125
Roggen 138
Rohr-Reitgras 142
Rosa 19, 45, 50, 113, 119, 142, 146, 147, 163, 177, 183, 187, 204
- *glauca* 183
- *multiflora* 129
- *rugosa* 163, 183, 187, 189
Rotbuche 60, 195, 223
Roterle 52
Rotes Straußgras **42**, 45, 46, 50, 57, 58, 60, 61, 75, 76, 83, 146, 147, 156, 158, 183, 204
Rotklee 147
Rubus 138, 147, 149, 158
Rumex acetosa **114**
- *obtusifolius* 138, **216**, 217
Ruscus hypophyllum 72
Rutenhirse 177

Salix 58, 60
- *matsudana* 58
Salomonssiegel **117**
Sambucus nigra 138, 163, 177
- *racemosa* 99
Sanguisorba officinalis 156, 158, **161**
Satureja montana 174
Sauerampfer **114**
Scabiosa 149, 158
Schachbrettblume 82
Schafgarbe 125, 149, 158
Scharbockskraut 86
Scharlacheiche 189
Schirmtanne 217
Schlehdorn 89
Schleierkraut 45, 142
Schmiele 49, 81, 129, 142, 144, **154**, 156, 183, 205, 218
Schneeball 116, 189
Schneebeere 52
Schneeheide 58
Schnittlauch 107
Schwarz-Erle 55, 58, 60, 220
Schwarzkiefer 225
Sciadopitys 217
Secale 138
Sedum 174, 204
- *reflexum* **204**
Segge 46, 49, 72, 76, 83, 86, 146, 147, 149, 156, 178, 183, 184, 189, 204, 218
Seidenkiefer 215
Selbstklimmer 178
Septemberkraut 163, 184
Silberdistel **214**
Silene pratensis 158, 223, **224**
- *vulgaris* **141**, 142
Sisymbrium officinale 215, **216**
Skabiose 149, 158
Skabiosen-Flockenblume 138, 178, 183, **184**, 212, 213
Solidago canadensis 41, 83, 183, 189, 190, 222
- *gigantea* **187**
Sonnenblume 163
Spargel 187
Spiraea arguta 76
Spitzahorn 93
Stachys palustris 158
- *sylvatica* 119, **125**
Staudenwicke 204
Stechender Hohlzahn 183
Stechpalme 223
Steinklee **148**, 149
Steinkraut 98, 119
Stellaria 126
- *holostea* **97**, 98
Sterndolde 144
Sternmiere **97**, 98
Strahlenaster 113
Strandnelke 174, 178
Straußgras 208
Sumpfporst 46, 58
Sumpfziest 158
Süßkirsche 76
Symphoricarpos 52, 178
- *orbiculatus* 177
Symphytum officinale **123**

Tamariske 177
Tamarix 177
Tanacetum vulgare 60, 158, 163, **177**, 183, 190
Taraxacum officinale **95**, 96, 98, 107
Taube Trespe 45, 72, 110, 113, 116, 125, 129
Taubnessel **91**, 93, 110
Taumel-Kälberkropf **45**, 60, 72, 81, 113, 126
Taxus baccata 218
Tazette 76, 217
Teppich-Knöterich 184
Thalictrum aquilegifolium 151, 184
Thlaspi 87
Thymian 81
Thymus vulgaris 81
Tilia platyphyllos 93
Tränendes Herz 98
Traubenholunder 99
Traubenkirsche 177, 184, 195
Trespe **111**
Trifolium arvense **141**, 144, 146, 183
- *incarnatum* **114**
- *pratense* 147
Tripmadam **204**
Triticum 125, 158, 163, 189
Trollius europaeus 96
Tropaeolum majus 163
Tulpe 46, 52, 57, 76, 93, 98
Tüpfelhartheu 54
Tussilago farfara **153**

Urceolina grandiflora 215

Vergißmeinnicht 76, 107
Veronica 82
- *chamaedrys* 107, **108**
- *gentianoides* 107
Viburnum lanata 93
- *opulus* 189
- *sterilis* 116
- *tinus* 45, 218, 220
Vicia cracca 138, 149, **150**, 158
- *hirsuta* 125, 156
- *lathyroides* 121
Viola ordorata 78
Viscum album 218, 223, 225
Vitis vinifera 187, 192
Vogelwicke 138, 149, **150**, 158
Wacholder 208, 213, 220, 223
Wachsblume **61**, 76, 205
Waldrebe 116, 140, 184, 187, 192, 225
Waldziest 119, **125**
Wegerauke 215, **216**
Weidenröschen, Kleinblütiges 72, 83, 142, 151, **152**, 156, 163, 204
-, Schmalblättriges 138, **211**, 212, 213, 223
-, Zottiges 55, **56**
Weihnachtsstern 220
Weinrebe 187, 192
Weißwurz 116, **117**
Weizen 125, 158, 163, 189
Wetterdistel 213
Weymouthskiefer 205, 215, 220
Wicke 121
Wiesenhafer 96
Wiesenkerbel 87, 96, 107, 110, 121, **122**, 125, 138
Wiesenknopf 156, 158, **161**
Wiesenlabkraut 129, 138, 142, 178, **179**
Wiesenlieschgras 107
Wiesenplatterbse 113, 156, **158**
Wiesenraute 151, 184
Wiesenrispengras 107
Wilde Malve **218**
Wilde Möhre 178
Wildrose 129
Windenknöterich 41, 57, **191**, 192
Windhalm 52, 83, 158, **163**
Winterschneeball 45, 218, 220
Wolfsmilch 96
Wolliger Schneeball 93
Wolliges Honiggras 46, 121, 158
Wucherknöterich **52**

Xerophyllum 98, 110

Ysop 156, 163, 184

Zapfen 217, 219, 220
Zaubernuß 56
Zaunwinde **139**
Zierapfel 83, 99
Zierquitte 63, 75
Zitronengeranie 63, 98, 107, 119
Zitronenmelisse 156, 174
Zitterlinse 125, 156